DES

RÉFLEXES TENDINEUX

PAR

Constant PETITCLERC,

Docteur en médecine de la Faculté de Paris

PARIS

A. DELAHAYE ET E. LECROSNIER, LIBRAIRES-ÉDITEURS

PLACE DE L'ÉCOLE DE MÉDECINE

1880

A LA MEMOIRE DE MON PÈRE

A MA MÈRE

A MON ONCLE CONSTANT PETITCLERC

A MES PARENTS

A MES AMIS

A M. LE DOCTEUR STRAUS

Professeur agrégé à la Faculté de Paris,
Médecin des hôpitaux.

A MON PRÉSIDENT DE THÈSE

M. LE PROFESSEUR CHARCOT

A MES ANCIENS MAITRES

DES

RÉFLEXES TENDINEUX

INTRODUCTION.

Depuis la connaissance des grands faits d'épilepsie spinale signalés par Brown-Séquard, on s'est beaucoup occupé en France des accidents convulsifs liés aux lésions primitives ou secondaires de la moelle épinière. MM. Charcot, Vulpian et leurs élèves, ont étudié particulièrement des phénomènes d'ordre réflexe se produisant à l'état pathologique sur le pied et sur la main, par la mise en œuvre de certaines pratiques, je veux parler de l'épilepsie spinale provoquée.

A ces signes, qui appartiennent à la clinique française, MM. Erb et Westphal en ajoutèrent un certain nombre de la même catégorie, et réunirent le tout sous le nom de réflexes tendineux.

Ces phénomènes sont d'un grand intérêt au point de vue de la séméiotique des affections spinales; aussi avons-nous pensé qu'il ne serait pas inutile de comparer entre elles les différentes théories, au moyen desquelles les auteurs ont proposé d'en expliquer la production et d'étudier comment se comportent les réflexes tendineux dans les différentes affections du système nerveux, et même dans quelques maladies aiguës.

Nous exposerons successivement :

L'historique de la question ;

Les diverses manœuvres ayant pour but de mettre en évidence les réflexes tendineux ;

L'explication physiologique de ces phénomènes et les diverses expériences faites à ce sujet ;

Leur valeur séméiologique.

Disons, avant de commencer, que c'est à M. le professeur I. Straus que nous sommes redevable de l'idée de ce travail ; c'est dans son service que nous avons recueilli les observations qui nous sont personnelles, et il a bien voulu nous aider de ses excellents conseils et de son talent. Qu'il nous soit permis de lui exprimer ici toute notre gratitude.

CHAPITRE PREMIER.

HISTORIQUE.

A MM. Charcot et Vulpian revient l'honneur d'avoir découvert la trépidation épileptoïde et, en particulier, ce que les auteurs allemands appellent le phénomène du pied, le clonus du pied. C'est un signe qui appartient à la clinique française; il a été étudié avec soin et depuis longtemps mis à profit dans les services de la Salpêtrière.

Dès 1862, ces deux professeurs l'avaient noté dans l'observation d'une femme atteinte de sclérose en plaques, dans les termes suivants : « Lorsqu'un des pieds est fléchi et tenu dans la flexion par une main étrangère, il s'y produit aussitôt un tremblement extrêmement difficile à réprimer et impossible même à arrêter par moments, lorsque cette épreuve est faite sur le pied droit. » Ce fait est consigné dans la thèse de Ordenstein (1), ainsi qu'une autre observation due aux mêmes auteurs : « Dès qu'on cherchait à fléchir l'un des pieds sur la jambe, immédiatement se déclarait un tremblement comme convulsif du pied, qu'il était presque impossible d'arrêter, mais qui cessait lorsqu'on laissait le pied revenir à son attitude première. »

C'est également à la Salpêtrière que fut étudié pour la première fois le phénomène connu sous le nom de phénomène de la main, qu'un élève de M. Charcot, M. Bou-

(1) Ordenstein. Thèse de Paris, 1867, p. 58.

chard (1), décrit de la façon suivante : « Quelquefois en soulevant par le bout des doigts le bras contracturé d'une hémiplégique, on voit le membre tout entier agité par un tremblement rapide, semblable à celui que l'on détermine par le même procédé dans les membres inférieurs des malades atteints de compression de la moelle. »

Nous retrouvons ensuite le phénomène du pied signalé en 1868 dans la thèse de M. Paul Dubois, faite sous les auspices de M. Charcot; en 1869, dans les Archives de physiologie, par MM. Charcot et Joffroy (2); en 1871, dans la thèse de M. Michaud (3), dans celle de M. Hallopeau (4), où il est dit : « Nous avons déjà parlé du tremblement réflexe que l'on obtient en portant fortement le pied dans la flexion et en invitant le malade à résister: il se produit dans cette extrémité, sous l'influence de cette excitation et de l'effort musculaire qu'elle provoque, une série de mouvements alternatifs de flexion et d'extension, qui se succèdent avec rapidité, et persistent quelques instants après que la cause occasionnelle a cessé. » L'année suivante, dans le travail de MM. Bourneville et Voulet (5), on trouve la description des phénomènes du pied et de la main dans un cas d'hystérie avec contracture.

Nous ne pouvons énumérer ici tous les cas dans lesquels

(1) Bouchard. Des dégénérescences secondaires de la moelle épinière. Arch. de médecine, 1866, t. II, p. 290.

(2) Deux cas d'atrophie musculaire progressive. Arch. de physiologie, 1869, t. II.

(3) Michaud. Méningite et myélite dans le mal vertébral. Thèse de Paris, 1871, p. 32.

(4) Hallopeau. Des accidents convulsifs dans les maladies de la moelle épinière. Thèse d'agrég., 1871.

(5) Bourneville et Voulet. De la contracture hystérique permanente. Paris, 1872,

on a signalé l'existence de ces signes, disons seulement que M. Charcot en parlait depuis longtemps dans ses leçons orales, en insistant sur leurs rapports avec la contracture; aussi M. Straus (1) a cru devoir en faire une mention spéciale dans sa thèse d'agrégation soutenue en 1875.

C'est à cette époque que parurent en Allemagne, le mémoire de M. le professeur Erb, de Heidelberg : « *Ueber Sehnenreflexe bei Gesunden und Rückenmarkskranken* » (2), et celui de M. le professeur Westphal, de Berlin : « *Ueber einige Bewegungstörungen em gelähmten Gliadern* » (3). Dans ces écrits, les auteurs traitaient de symptômes nouveaux destinés à jouer un grand rôle dans la séméiotique des affections spinales et consistant à provoquer des contractions dans certains muscles au moyen de l'excitation du tendon. Ils insistaient sur la contraction du triceps fémoral, provoquée par un coup porté sur le tendon rotulien, ce que Erb appelait « *Patellæsehnenreflexe* » (réflexe patellaire, réflexe tendineux rotulien) et Westphal « *Kniephänomen* » (phénomène du genou), dénomination qui avait tout au moins l'avantage de ne rien préjuger sur la nature du phénomène. Ils insistaient également sur les contractions rythmiques obtenues dans certains cas de maladie de la moelle, en fléchissant fortement le pied sur la jambe, ce qu'ils appelaient, l'un, le clonus réflexe du pied (*reflexclonus*), l'autre, le phénomène du pied (*Fussphänomen*). Bien que le mémoire de Westphal eût paru le dernier, il réclame

(1) Straus. Des contractures. Thèse d'agrégation. Paris, 1875.

(2) Des réflexes tendineux chez les individus sains et dans les maladies de la moelle. Arch. f. Psychiatrie, u. N., t. V, 1875, p. 792.

(3) De quelques troubles du mouvement dans les membres paralysés. Ibid., p. 803.

la priorité de la découverte du phénomène du genou et, dans la communication qu'il fit à la Société médico-psychologique de Berlin (séance du 3 mai 1875), il prétendit l'avoir observé sur un malade de la Charité de Berlin dès 1871.

Presque aussitôt, M. Joffroy (1) revendiqua pour la clinique française la découverte du phénomène du pied, connu depuis longtemps chez nous, ainsi que nous venons de le voir, sous le nom de trépidation provoquée, d'épilepsie spinale provoquée. En effet, sous le nom de phénomène du pied, MM. Erb et Westphal n'avaient pas décrit autre chose et les observations des auteurs français leur étaient connues, puisqu'il est dit, dans leur mémoire, qu'ils ne sont pas certains que les faits qu'ils ont observés soient semblables à ceux décrits par M. Charcot. Nous savons que le phénomène de la main appartient également à la clinique française.

Quant au phénomène du genou et aux autres réflexes tendineux, ils appartiennent à la clinique allemande et, bien qu'ayant été observés çà et là, nous devons reconnaître qu'ils n'avaient pas été bien étudiés avant MM. Erb et Westphal. De plus, je regarde comme fondée l'opinion de ce dernier, qui reproche aux auteurs français d'avoir négligé l'étude de ces symptômes, car, pendant longtemps, il n'y eut guère que M. Charcot et ses élèves qui les prirent en considération.

A part les travaux de ce professeur et ceux de son élève M. Brissaud (2), le plus grand nombre des écrits sur cette

(1) De la trépidation épileptoïde du membre inférieur dans certaines maladies nerveuses. Société de biologie, 1875, et Gazette médicale, p. 405.

(2) Gazette médicale, 1879. — Progrès médical, 1880. — Thèse de Paris, 1880.

matière ont paru à l'étranger. Nous voyons, en effet, dès 1875, MM. Schultze et Fürbringer (d'Heidelberg), étudier le phénomène du genou au point de vue physiologique. En 1877, M. Burckhardt publie à Berne un mémoire contenant les résultats d'expériences fort intéressantes, notamment sur la mensuration du temps nécessaire à la production du réflexe rotulien. Un physiologiste russe, M. Tschirjew, modifia et compléta ces expériences; il fit paraître deux mémoires, l'un en Allemagne en 1878, l'autre en France, l'année suivante; les études relatées dans ce dernier avaient été faites au Collège de France, dans le laboratoire de M. Ranvier.

Citons encore en Allemagne les noms de M. O. Berger (de Breslau), de Lewinski, de Weiss (1), d'Eulenburg, qui étudia les réflexes tendineux chez les enfants; en Angleterre ceux de Grainger Stewart, Buzzard (2), Gowers (3), Byrom Bramwell, (4), qui ont étudié ces phénomènes au point de vue clinique.

En 1879, MM. Charcot et Brissaud, au moyen de la méthode graphique appliquée à l'étude de ces phénomènes, arrivèrent à des résultats fort intéressants, surtout chez les hémiplégiques. Ces dernières expériences sont certainement, avec celles de M. Tschirjew, les plus exactes et les plus concluantes qui aient été faites à ce sujet. Signalons enfin une étude assez courte, faite en Hollande tout dernièrement par M. Ter Meulen.

(1) Weiss. Ueber Sehnenreflexe. Wiener med. Woch., 1879.

(2) Buzzard. Lancet, janvier 1879.

(3) Gowers. The diagnosis of diseases of the spinal Cord. Med. Times and Gazette, 1879.

(4) On the patellar tendon reflex. Edimburgh Med. Journal, 1879, XXV.

CHAPITRE II.

COMMENT ON PROVOQUE LES RÉFLEXES TENDINEUX.

D'une façon générale, on désigne sous le nom de réflexes tendineux la contraction brusque et rapide des muscles, provoquée par l'irritation de leur tendon ; voyons comment se fait en clinique cette excitation dans les différents cas.

Si l'on fait asseoir un individu sain, si on lui fait croiser les jambes, de façon que celle qui est placée sur l'autre soit abandonnée à elle-même, ballante, et que l'on vienne à frapper sur le tendon rotulien de cette même jambe, un coup sec avec le bord cubital de la main ou avec un marteau de percussion, on verra la jambe se relever et s'abaisser sous forme d'oscillation, à la suite de chaque coup porté sur le tendon.

Voilà le type des réflexes tendineux, le phénomène du genou dont on peut constater l'existence sur tout individu sain.

On l'obtient également de la manière suivante, le sujet étant couché. On soulève le membre inférieur, on le soutient dans un léger degré de flexion avec la main placée sous le jarret, de telle façon que tous les muscles de la jambe soient dans le relâchement, et on frappe sur le tendon rotulien de la manière indiquée plus haut ; on observera également le soulèvement et l'abaissement de la jambe. A ce même sujet, on peut également faire croiser une jambe sur l'autre à demi fléchie, ou bien, on le fait asseoir au bord du lit et le phénomène se produit à volonté.

En répétant ces expériences, on remarque que la jambe

est d'autant plus facilement projetée en hauteur que le coup a été plus violent et plus sec. Cependant il y a de grandes différences dans la facilité de provoquer les réflexes chez les divers sujets en dehors de tout état pathologique, ainsi que l'a constaté M. Berger (1). Mais dans certaines affections spinales, il suffit souvent du plus petit choc avec le bout du doigt pour produire un réflexe énergique.

On arrive également à constater que la percussion du ligament rotulien dans toute son étendue est le moyen le plus facile de produire le réflexe du triceps fémoral; qu'un coup même assez violent porté sur la rotule elle-même ne produit aucun effet; que le réflexe se produit, mais d'une façon imparfaite, en frappant sur les côtés de cet os et sur son bord supérieur; qu'il existe un espace triangulaire à sommet dirigé en haut, correspondant au tendon du triceps, espace dont la percussion même légère provoque facilement le réflexe. Dans un de nos cas (obs. XI), la percussion même légère du tendon rotulien provoquait dans le triceps une forte contraction suivie de deux autres plus petites, accompagnées chacune d'un mouvement de soulèvement de la jambe.

Passons au tendon d'Achille. Si, la jambe étant dans le relâchement, on vient à frapper avec le bord cubital de la main, ou avec un marteau de percussion une suite de coups secs sur le tendon d'Achille, chaque coup sera suivi d'un léger mouvement d'abaissement de la plante du pied, dû à la contraction du triceps sural. Le muscle doit être dans un état moyen de tension ; la meilleure manière pour obtenir le réflexe est de placer le pied à angle droit, les genoux

(1) Berger. Ueber Sehnenreflexe. Cbl. f. Nervenheilkunde, 1879, nº 4.

dans la demi-flexion, le sujet étant couché sur le côté. On le produit chez les sujets sains, du moins dans la généralité des cas.

Si à l'état normal, on ne constate d'ordinaire le phénomène du réflexe tendineux que sur le triceps fémoral et sur le triceps sural, dans les cas pathologiques, on l'observe sur une foule d'autres muscles ; mais auparavant, nous allons nous occuper du phénomène du pied ou, comme on l'appelle chez nous, de la trépidation provoquée. Voici la description de ce symptôme :

« Quand on soulève le membre inférieur paralysé d'un hémiplégique, en plaçant une main sous le jarret, de façon que la jambe du malade soit abandonnée à elle-même, ballante, si, à l'aide de l'autre main, on relève brusquement la pointe du pied, immédiatement on provoque une série de secousses, dont l'ensemble constitue une sorte de mouvement ryhthmé, de tremblements à oscillations plus ou moins régulières et persistantes » (Charcot.). Il est bien entendu qu'il s'agit ici d'un hémiplégique en état de contracture, ou tout au moins de contracture latente.

Souvent, il n'y a même pas besoin de fléchir, ni de soulever la jambe. Celle-ci étant dans l'extension, on saisit la partie antérieure de la plante du pied avec la paume de la main, on exerce rapidement une forte pression en cherchant à fléchir le pied sur la jambe, et on le maintient dans cette position; alors commence la série d'oscillations rythmiques du pied. Ces oscillations se suivent très rapidement, et M. Charcot a insisté sur leur caractère spasmodique. Ainsi que l'ont indiqué Erb et Westphal, une flexion lente ne provoque pas le réflexe : cependant dans certains cas, il apparaît sous l'influence d'une flexion répétée et relativement lente ; mais, ce qu'ils n'ont pas décrit, c'est que plus la pression est énergique et brusque, plus les oscillations sont rapides et plus leur nombre est considérable chez un même individu dans un espace de temps donné.

Le phénomène est plus ou moins facile à obtenir, suivant les cas ; souvent il apparaît rapidement, sous l'influence d'une pression légère sur la plante du pied, mais quelquefois il est nécessaire d'exercer une pression brusque et très-énergique. On l'a vu prendre naissance, le pied étant accroché à un pli du drap du lit, ou même par la simple percussion du tendon d'Achille et continuer pendant assez longtemps ; dans d'autres cas, il ne se produit que lorsqu'on a imprimé avec une certaine force quelques mouvements à l'articulation du pied.

Quelquefois, ce n'est pas seulement le pied, mais tout le membre qui est agité de secousses convulsives. La rapidité des oscillations rythmiques est variable chez les différents sujets, suivant l'état pathologique de la moelle, et dépend également de la pression, ainsi que nous venons de le dire. Mais, quel que soit l'état pathologique, on n'a jamais obtenu le phénomène du pied, ni celui du genou, la jambe étant dans l'extension forcée.

Peut-être pourrait-on rapprocher du phénomène du pied le tremblement qui se produit, lorsque quelqu'un étant assis, élève pendant un certain temps le talon, en ne laissant reposer à terre que la pointe du pied. On sait que ce tremblement existe beaucoup plus facilement chez les individus fatigués, car chez eux le pouvoir excito-moteur de la moelle est augmenté.

Le clonus du pied disparaît, dès que l'on cesse la pression de la main, ou bien il cesse de lui-même, après une dernière oscillation, malgré la continuation de la pression. On abandonne alors le pied à lui-même, après une première expérience, et le phénomène peut bientôt se reproduire un certain nombre de fois. Souvent aussi on voit les mouvements spasmodiques continuer pendant un court espace de temps après la cessation de la flexion du pied. On peut également les arrêter, en fléchissant le gros orteil, découverte due à Brown-Séquard (1), et confirmée par des faits de M. Charcot. Cependant MM. Erb et Westphal prétendent que cela n'arrive que dans les cas où l'on produit en même temps la flexion plantaire (*plantarflexion*), c'est-à-dire quand on fait cesser la flexion du pied sur la jambe (*dorsalflexion*).

Lewinski a repris la question (2) ; il explique l'arrêt du phénomène par l'influence de la compression. Dans un de ses cas, la flexion du gros orteil n'avait aucune influence sur le phénomène, mais le faisait disparaître en pinçant fortement la peau du dos du pied ; dans l'autre cas, cette flexion arrêtait les mouvements rythmiques : on arrivait au même résultat en comprimant le gros orteil du même côté, ou du côté opposé, mais le pincement de la peau du dos du pied n'avait aucune action.

Ces faits confirment la découverte de M. Brown-Séquard. et M. Charcot a dit, avant Lewinski, qu'on arrête le tremblement en saisissant le gros orteil à pleine main.

Nothnagel (3) a constaté dans plusieurs cas de maladie de la moelle, présentant le phénomène du réflexe tendineux du genou et du pied, qu'on pouvait en pressant sur le

(1) Brown-Séquard. Sur l'arrêt immédiat de contractions violentes par l'influence de l'irritation de quelques nerfs sensitifs. Arch. de physiologie, 1868, p. 157.

(2) Arch. f. Psych., 1877, p. 327.

(3) Arch. f. psych. u. Nerv., VI, p. 332.

nerf crural, ou le nerf sciatique, faire cesser les réflexes du côté correspondant ou du côté opposé.

On peut, quelquefois, obtenir le réflexe patellaire dans sa forme clonique ; il faut alors faire agir une pression continue et suffisante sur la rotule. Voici comment Erb décrit le fait : « Chez certains malades, si l'on exerce une pression suffisante sur le tendon du triceps, la jambe étant dans l'extension, en entourant le genou avec les deux mains, de telle façon que les deux pouces appuient sur le bord supérieur de la rotule, et que l'on vienne à pousser cet os en bas par une pression énergique et brusque, il se produit, sous l'influence de cette irritation mécanique, une contraction réflexe dans le triceps. Fait-on effort pour maintenir la rotule dans une telle position, on voit survenir une première contraction, suivie d'une suite de contractions cloniques, qui s'affaiblissent successivement et disparaissent dès que l'on ne maintient plus la pression sur la rotule. On peut aussi obtenir le réflexe avec une main, placée à plat, immédiatement au-dessus de la rotule, si l'on pousse cet os en bas par un effort énergique et qu'on le fixe fortement. » Lichtheim (1) nous rapporte un cas de sclérose latérale amyotrophique, dans lequel un coup porté sur le tendon rotulien produisait une suite de contractions cloniques du triceps.

Nous avons dit que non seulement le signe du tendon s'obtient sur le triceps fémoral et sur le triceps sural, mais que, dans les états pathologiques avec exagération de l'excitabilité réflexe de la moelle, on peut le provoquer dans une foule de muscles du membre inférieur et aussi du membre supérieur. On le rencontre sur le muscle tibial postérieur,

(1) D. Arch. f. kl. Med., t. XVIII, p. 60.

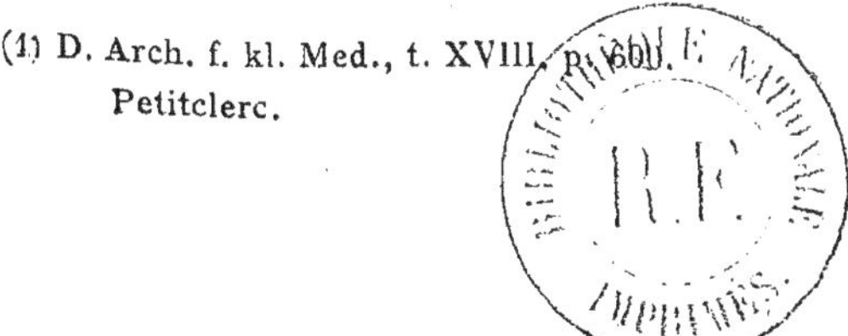

en percutant son tendon au-dessus ou au-dessous de l'articulation tibio-tarsienne ; il se produit, dans ce cas, un mouvement très marqué d'adduction du pied, de même que le réflexe des péroniers latéraux détermine un mouvement d'abduction. On obtient aussi le réflexe du tendon du tibial antérieur, en ayant soin de placer le pied de telle sorte que le muscle ne se trouve pas dans un trop grand état de tension.

A la cuisse, il peut être apparent sur plusieurs muscles, notamment sur le biceps où on l'a rencontré souvent et où l'on a même vu la percussion du tendon amener une suite de contractions cloniques persistant pendant assez longtemps, mais pouvant être supprimées par une forte flexion de la jambe (Erb). Le réflexe des adducteurs est fréquent, celui du couturier et du droit interne sont plus rares.

Aux extrémités supérieures, le réflexe du triceps est souvent très net et très évident, quand on percute son tendon, le bras étant soutenu à demi fléchi, les muscles en état de relâchement, la main dans une position intermédiaire à la pronation et à la supination. Il en est de même de celui du biceps que l'on recherche, le bras étant soutenu dans l'extension. On le provoque aussi sur le long supinateur, sur les deux radiaux, sur les fléchisseurs de la main et des doigts et sur leurs extenseurs. On sait que l'on produit à la main, mais beaucoup moins souvent qu'au pied le phénomène de la trépidation provoquée. Pour y arriver, on pratique brusquement l'extension forcée de la main sur le poignet et l'on voit survenir les secousses cloniques du phénomène de la main. Dans certains cas, il suffit, comme l'indique Bouchard, de soulever le membre contracturé par le bout des doigts pour voir apparaître le tremblement.

Quant aux manœuvres qui consistent à provoquer des

convulsions par le chatouillement de la plante du pied, par des piqûres d'épingles, l'application du froid sur la peau, etc., nous n'avons pas à nous en occuper ici, car il s'agit là de réflexes cutanés et non de réflexes tendineux.

Mais il n'en est pas de même des contractions réflexes survenant dans les muscles à la suite de la percussion des os, des ligaments, des aponévroses. Ainsi il peut arriver que la percussion de la face interne du tibia dans sa partie supérieure soit suivie d'une contraction réflexe dans le triceps fémoral, qu'un coup porté sur le fascia dorso-lombaire provoque une contraction réflexe dans les adducteurs. Erb nous en rapporte des exemples. Rumpf (1) rapporte le cas d'une jeune fille atteinte d'hémiplégie avec contracture et par conséquent exagération des réflexes tendineux; il se produisait chez elle des contractions réflexes dans le biceps et le triceps du bras, non seulement en percutant leurs tendons respectifs, mais aussi en portant un coup sur l'extrémité inférieure du radius et du cubitus. Strümpell, Schulz (2) rapportent des faits analogues, par exemple, on provoquait le réflexe du biceps en percutant la clavicule, du deltoïde en percutant le condyle externe de l'humérus, etc. Chez le malade de l'obs. XI on voit un exemple de contraction du biceps produite par la percussion de la partie inférieure du radius. Ces phénomènes sont comme les réflexes tendineux l'expression d'un degré très prononcé de l'exagération de l'excitabilité de la moelle.

Notons encore la répercussion de certains phénomènes spasmodiques du côté paralysé sur le côté non paralysé chez les hémiplégiques, signalée pour la première fois par

(1) et (2) D. Arch. f. klin. Medicin., 1879, t. XXIII et XXIV.

M. Déjerine. Lorsqu'on provoque par le procédé ordinaire la trépidation spinale chez un hémiplégique, on voit quelquefois le tremblement épileptiforme se transmettre de la jambe paralysée à la jambe saine. M. Brissaud (1) a de son côté souvent constaté que la percussion du tendon rotulien chez les hémiplégiques, produisait en même temps que le réflexe cherché un léger soubresaut de la jambe du côté opposé. Ces phénomènes rentrent dans la catégorie de ceux que M. Vulpian a désignés sous le nom de syncinésies, mouvements associés.

Avant de terminer ce chapitre, disons que M. Charcot a vu chez des hystériques la percussion du tendon rotulien faire contracter non seulement le triceps fémoral, mais aussi le triceps brachial et encore d'autres muscles, dont les sources nerveuses dans la moelle épinière sont très éloignées du centre de réflexion du triceps crural.

CHAPITRE III.

PHYSIOLOGIE DES RÉFLEXES TENDINEUX.

Certains réflexes tendineux sont des phénomènes normaux, d'autres, au contraire, sont des phénomènes pathologiques. M. O. Berger (2) a eu l'idée de rechercher l'existence et par conséquent l'absence des réflexes tendineux

(1) Brissaud. De la contracture permanente chez les hémiplégiques. Thèse de Paris, 1880.

(2) Centralbl, f. Nervenheilk, 1879, n° 4.

chez les individus sains ; ses expériences ont porté sur 1409 personnes saines en apparence, dont 900 soldats. Il a constaté que l'intensité du réflexe rotulien varie dans des limites très grandes, que son existence normale est souvent faiblement accentuée et difficile à démontrer. Sur 22 hommes bien portants, soit 1,56 pour 100, il a noté l'absence du réflexe tendineux du genou. Le réflexe du tendon d'Achille existe en règle générale, mais il manque dans la proportion de 20 pour 100 ; le phénomène du pied ne se rencontre chez l'homme sain que d'une façon exceptionnelle. Les autres réflexes tendineux ne se rencontrent qu'à l'état pathologique. La strychnine augmente, la morphine diminue la vivacité des réflexes tendineux.

Eulenburg (1) les a recherchés sur 214 enfants. Voici ses conclusions. Le phénomène du genou pouvait être provoqué d'une façon manifeste chez six enfants sur sept qui furent examinés le premier jour après la naissance. Par contre, le phénomène du pied ne put être constaté qu'une seule fois.

Chez les enfants de une à quatre semaines, le phénomène du genou ne fit jamais défaut, si ce n'est chez un petit garçon âgé de treize jours et affecté d'atrophie. Habituellement le phénomène était plus accusé d'un côté que de l'autre. Sur 113 enfants âgés de plus d'un mois, il y en eut sept (six filles et un garçon), chez lesquels la percussion du tendon rotulien fut impuissante à provoquer le soulèvement de la jambe ; chez tous les sept, la santé était languissante et la nutrition plus ou moins compromise.

D'après les recherches de Soltman chez les enfants du premier âge, les réflexes tendineux sont empreints d'exa-

(1) D. Zeitschrift f. pract. Medicin, 1878, nº 31.

gération, tandis que l'excitabilité des nerfs périphériques est amoindrie durant les six premières semaines après la naissance. Cette exagération, rapprochée du développement incomplet des faisceaux pyramidaux chez le nouveau-né, semble déjà signaler ces phénomènes comme des réflexes spinaux. Nous verrons du reste en pathologie que la dégénérescence du faisceau pyramidal de l'un ou de l'autre côté produit une exagération des réflexes tendineux du même côté, suivie bientôt de contracture, car on sait maintenant que l'exagération des réflexes tendineux et la contracture sont des phénomènes connexes.

Nous allons étudier séparément la physiologie du phénomène du genou et du phénomène du pied, et ces deux signes étant connus, l'explication de tous les autres réflexes tendineux le sera également.

I. *Du phénomène du genou au point de vue physiologique.*

Si, pendant que l'on percute le tendon rotulien, on place l'autre main à plat sur la masse du triceps fémoral, on a la sensation bien nette d'une contraction de ce muscle et le plus souvent cette contraction est évidente pour l'œil de l'observateur, même si l'on percute quand le pied repose à terre. Comment se produit cette contraction ? Les auteurs ont émis différentes opinions sur ce sujet.

MM. Erb et Westphal (1) s'accordaient à reconnaître que l'excitation part du tendon et non des parties adjacentes. Ils avaient constaté que si on relève la peau qui recouvre le tendon rotulien et que l'on frappe sur le pli cutané ainsi

(1) Arch. f. Psych., 1875.

formé, il n'y a pas trace de réflexe ; que l'on ne produit rien en la tirant à droite et à gauche, qu'on peut la traverser avec une aiguille, l'asperger d'eau froide, d'éther, l'irriter avec le pinceau faradique sans provoquer de contraction ; que, si l'on anesthésie la peau qui recouvre le tendon rotulien au moyen de l'appareil de Richardson, de manière à ne pas anesthésier les parties sous-jacentes, le réflexe se produit dans toute sa force. Ils avaient également noté que l'excitation mécanique doit être rapide et soudaine, et qu'une pression progressive et même très énergique reste sans effet ; cependant on voit, dans les cas accentués d'épilepsie spinale, que cette pression suffit ; mais il y a, dans les cas de ce genre, autre chose que l'exagération des réflexes tendineux, c'est-à-dire l'exagération des réflexes cutanés.

Dans leurs cas, les mouvements violents d'abduction et d'adduction ne produisaient rien ; aussi ils en avaient conclu que le réflexe ne part pas des surfaces articulaires. Il fallait porter un coup sur le tendon rotulien pour produire la contraction, aussi, disaient ces auteurs, l'excitation du tendon est l'origine de la contraction.

Mais pour Erb, la contraction musculaire se fait par voie réflexe (réflexe tendineux), tandis que pour Westphal, il y a une excitation mécanique directe du muscle, produite par le tiraillement ou le choc exercé sur son tendon. Il compare le phénomène à la contraction locale produite par la percussion directe de la masse du muscle. Tout le monde a observé le ventre ou la corde qui se produit dans certains états adynamiques en percutant ou en pinçant le milieu du triceps brachial : c'est ce que Gubler appelait la contraction idio-musculaire.

Westphal fait jouer un rôle important à la tension anormale des muscles et des tendons dans la production du phénomène en question, comme de tous les réflexes tendineux. Dans tous les cas où il y a exagération de ces réflexes, il y a de la contracture musculaire, ainsi qu'il l'a souvent constaté, mais elle n'est pas appréciable dans tous les cas: cela dépend du degré ; c'est ce que nous appelons en France la contracture latente. Cette tension se constate facilement quand on pratique la flexion du pied sur la jambe ; du reste, au genou, on est obligé, à l'état normal, de produire une tension artificielle du ligament pour provoquer la contraction réflexe du triceps. Il note l'exagération des réflexes tendineux survenant chez les hémiplégiques en même temps que la contracture. M. Charcot montrera qu'elle précède la contracture. Erb explique l'exagération des réflexes tendineux par l'augmentation de l'excitabilité de la moelle.

Pour éclairer la nature de ces phénomènes, MM. Schultze et Furbringer (d'Heidelberg) (1) ont fait les recherches suivantes :

1° Ils ont mis à nu la masse musculaire de la cuisse et de la patte droite d'un lapin ; en frappant sur le tendon rotulien du même côté avec un petit marteau de percussion, il se produisait une contraction du triceps correspondant, avec extension de la patte droite ; de plus, de légères contractions dans le triceps gauche avec extension de la patte gauche et léger tremblement irrégulier des deux extrémités. La section du nerf crural droit fit cesser la contraction du triceps droit ; après la section subsistèrent les contractions obtenues par excitation directe du muscle,

(1) Centralblatt, 1875. p. 929.

celles produites par l'excitation du tendon avaient complètement disparu.

2° Ils ont fait chez un autre lapin une section de la moelle dans la région dorsale ; deux heures et demie après cette opération, ils ont mis à nu la masse musculaire du membre postérieur gauche. Un coup porté sur le tendon rotulien de ce côté, produit la contraction du triceps gauche, la flexion dorsale du pied gauche, l'adduction de la cuisse droite ; en isolant le tendon des parties voisines, on arrive au même résultat.

La section du nerf crural gauche supprime la contraction du triceps par excitation de son tendon ; la contraction du muscle par excitation directe subsiste aussi intense qu'auparavant.

La section du sciatique supprime la flexion dorsale du pied gauche, mais non le réflexe des adducteurs (nerf obturateur). Au bout de huit heures, même résultat en opérant sur le côté droit. A l'autopsie, on constate la solution de continuité de la moelle au niveau de la troisième vertèbre dorsale.

3° Chez un troisième lapin, ils ont fait une section de la moelle dans la région dorsale. Du côté gauche, ils ont séparé la masse musculaire du triceps de la rotule et des parties environnantes, de manière à lui enlever ses relations avec le ligament rotulien et ils ont percuté ce tendon. Le muscle avait été mis dans un certain état de tension au moyen d'un crochet placé à son extrémité ; chaque coup porté sur le tendon rotulien produisait un raccourcissement et une contraction du muscle qui cessaient après la section du nerf crural gauche.

La contraction de la masse des adducteurs droits existait encore au moyen de l'excitation du tendon rotulien, aussi bien après la séparation de la rotule du triceps qu'après la section des deux nerfs cruraux.

4° L'intoxication d'un lapin par le curare amena la disparition complète des contractions.

De là, ils ont conclu : 1° que ces phénomènes ne sont pas le résultat d'une irritation mécanique et directe des muscles au moyen de leur tendon ; 2° qu'ils résultent d'une action réflexe dont le centre se trouve situé pour les membres abdominaux dans les parties inférieures de la moelle ; 3° qu'il ne peut pas être question du réflexe cutané.

Lewinski (1), se basant sur les observations cliniques, chercha à expliquer de quelle façon se produit l'irritation du tendon. On pourrait penser, dit-il, d'après les expériences qui ont été faites, qu'un coup irrite directement les filets nerveux, mais alors pourquoi est-il nécessaire de placer le tendon dans un certain état de tension pour provoquer le réflexe, tandis qu'il est impossible de le produire, la jambe étant dans l'extension ou dans la flexion forcée ?

Il considère les tendons à un point de vue mécanique ; il les compare à une corde de boyau desséchée et par conséquent peu élastique. Si l'on vient à placer cette corde dans un certain état de tension, à la suite d'un coup, elle vibrera transversalement ; si l'état de tension de la corde est détruit, ou s'il est exagéré, il ne se produira plus rien. Ces vibrations se transmettent aux nerfs des tendons (2) et les irritent ; elles se transmettent plus facilement, lorsque le tendon a été placé dans un état moyen de tension. On comprend alors pourquoi chez l'homme sain la jambe doit être placée dans la demi-flexion pour produire facilement

(1) Arch. f. Psych., 1877, p. 327.
(2) Sachs. Nerven der Sehnen, klin. Berl. Woch., 1875.

le réflexe patellaire. On comprend aussi pourquoi, dans certains cas, il y a exagération des réflexes tendineux, tandis que les réflexes cutanés sont normaux, par exemple, dans certains cas d'hémiplégie avec contracture, de paralysies hystériques également accompagnées de contractures, comme en a rapporté Charcot ; de plus, dans ces dernières, l'exagération des réflexes tendineux disparaît avec la contracture, lors de la guérison.

Au membre supérieur, si l'on étend la main, dans le but de produire un état de tension des tendons des fléchisseurs, les muscles sont tiraillés avant leur tendon ; aussi la percussion ne produit aucun réflexe sur ces muscles à l'état normal. De plus, il prétend que si l'on peut produire un état de contracture artificielle, de tension anormale des tendons, au moyen de l'excitation des nerfs périphériques, il devra se produire une exagération des réflexes tendineux. Nous verrons plus loin la fausseté de cette donnée, démontrée expérimentalement. Voici quelles sont ses conclusions. On peut obtenir une augmentation des réflexes tendineux : 1° par une tension exagérée du tendon, comme dans la contracture ; 2° par l'augmentation du pouvoir réflexe de la moelle ; 3° par la combinaison des deux états précédents.

Nous avons aussi à parler de l'expérience suivante, faite par Westphal (1). Il met à nu le nerf crural et s'assure de la facilité de produire le réflexe rotulien ; il irrite ensuite légèrement le nerf crural en le soulevant et en le tiraillant, et il devient impossible de provoquer le phénomène du genou. Une simple dissection du nerf suffit quelquefois pour faire disparaître le phénomène, ou bien une légère

(1) Arch. f. Psych., 1877, p. 666.

traction exercée avec une bande de gomme. En produisant une contraction tétanique des muscles extenseurs de la cuisse au moyen d'un courant d'induction, on ne parvient pas à rendre possible la production du phénomène. Le réflexe cutané reste intact ; l'irritation de la peau provoque la flexion des doigts, la flexion de la patte, l'adduction de la cuisse. Le phénomène du genou peut reparaître au bout d'un temps plus ou moins long ; dans certains cas, il n'a reparu que quatre jours après l'expérience. Le professeur de Berlin explique ce fait par l'abolition de la tonicité musculaire, consécutive au tiraillement du nerf, et maintient sa théorie des signes tendineux. Ils sont subordonnés à une certaine tension musculaire ; cette tension disparaît-elle, plus de phénomènes tendineux ; augmente-t-elle, c'est-à-dire devient-elle contracture, les phénomènes s'exagèrent, mais il nie toute action réflexe.

Il s'appuie également sur le procédé de Nussbaum pour faire cesser la contracture dans certains états pathologiques, procédé qui consiste à tirailler les nerfs qui se rendent aux muscles contracturés.

Burckhardt (1) le premier, au moyen d'un appareil enregistreur, nota le temps nécessaire à la production du réflexe rotulien, c'est-à-dire le temps qui s'écoule à partir de l'irritation tendineuse, jusqu'au moment de la contraction du muscle. Mais son procédé est défectueux ; aussi ne doit-on pas tenir un compte exact de ses résultats. Il trouva cependant que le temps nécessaire à la production des réflexes tendineux est considérablement plus court que celui nécessaire aux réflexes cutanés, d'où il conclut que le cen-

(1) Festschrift dem Andenken an A. von Haller dargebracht von den Aerzten der Schweiz. Bern., 1877.

tre de production des premiers doit être situé plus bas dans la moelle que le centre de réflexion des seconds. Sur des lapins, il est arrivé à des résultats analogues et a constaté les faits suivants :

1° Les réflexes tendineux, sans changer le temps de leur transmission, persistent après la section des cordons médullaires dans le canal vertébral et après le broiement de la moelle lombaire, tandis que les réflexes cutanés disparaissent pour jamais.

2° Les réflexes, soit tendineux, soit cutanés, persistent ou tout au moins subsistent en partie, si l'on pratique une section de la moelle au niveau de la première vertèbre lombaire. Le temps de transmission des premiers n'est pas changé, tandis que les seconds sont plus ou moins retardés.

3° La section du nerf crural supprime le réflexe tendineux et le réflexe cutané.

4° De petites injections de strychnine augmentent bien l'intensité des réflexes tendineux, mais n'influent pas sur la durée de leur production.

5° La réflexion de ces phénomènes se fait dans un espace de temps proportionnel à celui des réflexes cutanés.

Il place le centre des réflexes tendineux dans le plexus et les ganglions spinaux, et admet l'action des muscles antagonistes dans la production de ces réflexes; de plus, ils sont si rapides que l'effort de la volonté arrive trop tard pour les empêcher de se produire, ce qui confirme la théorie de l'action réflexe.

M. Tschirjew a repris et perfectionné la plupart des expériences de ses prédécesseurs (1). Il a observé les faits sui-

(1) V. Arch. f. Psychiatrie, 1878, p. 684, et Arch. de physiologie. 1879, p. 294.

vants. Il est impossible de déterminer la direction de la contraction musculaire provoquée par la percussion du tendon rotulien. Sur l'homme sain, en opérant dans des situations identiques, on trouve des différences variant entre 5 et 15 centièmes de seconde.

La section du nerf crural abolit le phénomène du genou du côté correspondant, et il ne reparaît pas, si au moyen de courants enduits, on remplace dans le triceps le tonus perdu, par une faible excitation du bout périphérique du nerf crural, preuve indirecte de la nature réflexe du phénomène.

La section du sciatique donne une exagération du phénomène du genou, chez des lapins auxquels on a injecté 2 centigrames de morphine. On peut écraser le tendon rotulien au moyen d'une pince très forte, faire une ligature très serrée du muscle triceps, de manière à supprimer toute circulation nerveuse, le phénomène se produit dans toute sa force. On peut même détacher le tendon rotulien de son insertion tibiale et, après l'avoir fixé à une petite corde légèrement tendue, percuter soit le tendon lui-même, soit la corde où il est attaché, la contraction du triceps persiste tout aussi vive qu'auparavant.

On abolit le phénomène du genou, non seulement par la section du nerf crural correspondant, mais aussi par la section des racines postérieures de la sixième paire lombaire (chez le lapin) du côté correspondant, de même que par la section de la moelle épinière entre la cinquième et la sixième vertèbre lombaire. Une section entre la deuxième et la troisième produit une légère augmentation du pouvoir réflexe, de même qu'une section entre la septième vertèbre lombaire et la première vertèbre sacrée.

En faisant des ouvertures au moyen d'un trépan au

niveau de la sixième vertèbre lombaire et en broyant les racines postérieures du sixième nerf lombaire d'un côté on abolit le phénomène du genou de ce côté ; en broyant les racines postérieures de l'autre côté, le phénomène disparaît également du côté correspondant. De là, il conclut que chez l'homme, l'origine du réflexe du genou paraît se trouver dans la partie de la moelle où les nerf cruraux ont leur origine, car cette origine paraît correspondre à celle de la sixième paire lombaire chez le lapin.

Restait à déterminer le lieu où se fait l'excitation des nerfs centripètes. Il avait d'abord cru que cette excitation se fait au niveau du point de jonction des faisceaux musculaires et du tendon. Sachs avait en effet décrit des nerfs tendineux (1), mais M. Tschirjew décrit des filets nerveux allant des faisceaux musculaires se terminer dans l'aponévrose. Aussi, il pense que l'excitation se produit au point de jonction des faisceaux musculaires et de l'aponévrose, à l'endroit où les nerfs sortent du muscle pour se terminer dans l'aponévrose. La corde ou tendon ne sert que de milieu élastique pour la transmission des vibrations qui doivent ébranler les petites terminaisons nerveuses de l'aponévrose.

Il conclut que chaque muscle est relié à la moelle épinière non seulement par des fibres nerveuses motrices, mais aussi par des fibres centripètes qui ont leur origine dans les aponévroses, rejoignent les nerfs moteurs en traversant le muscle, et rentrent dans la moelle épinière par les racines postérieures correspondantes, ce qui revient à dire que les muscles sont en communication avec la moelle épinière par un cercle nerveux. Il n'y a rien de spécial au

(1) Reicherts und du Bois-Reymond's. Arch., 1875, p. 402.

triceps fémoral ; si les réflexes tendineux ne se montrent pas d'habitude dans certains muscles, cela tient à leur mauvaise situation.

La tonicité musculaire est un phénomène d'ordre réflexe produit en partie par la tension des tendons, en partie par le mode d'insertion des muscles dans l'organisme ; il s'appuie sur le fait que les muscles s'allongent, lorsqu'on coupe les filets nerveux qui s'y rendent. C'est cette tension qui sert à la production de la contraction réflexe.

Il a pu également, en excitant les muscles et les tendons d'une certaine façon, provoquer chez les lapins des mouvements réflexes dans d'autres groupes de muscles, ce qui confirme les phénomènes observés en clinique.

Enfin, M. Tschirjew s'est attaché à mesurer avec exactitude le temps qui s'écoule entre le moment de l'excitation périphérique et celui de la contraction musculaire, en supprimant plusieurs causes d'erreur qui existaient dans la manière d'opérer de Burckhardt. Les sujets de ses expériences étaient deux malades de la Charité de Berlin. Il a trouvé comme différence, entre le moment du choc du tendon et la contraction musculaire, chez Meixner (tabes spasmodique), une moyenne de 61 millièmes de seconde après 71 expériences ; chez Schultze (myélite avec paralysie des membres inférieurs), 58 millièmes de seconde, moyenne de 75 observations. Il a ensuite déterminé chez ces mêmes malades le temps nécessaire à la production d'une contraction par excitation musculaire directe et a obtenu, pour Meixner, 27 millièmes de seconde; pour Schultze, 26 millièmes. En retranchant ces nombres des précédents, on obtient, pour Meixner, 34 millièmes; pour Schultze, 32 millièmes de seconde, durée du temps réflexe chez l'homme. Ce temps est trop long pour qu'il n'y ait pas une action réflexe, et nous verrons, d'après les expériences de M. Brissaud, que les nombres indiqués par M. Tschirjew sont un peu trop faibles, ce qui tient à ce qu'il a opéré dans des cas où il y avait exagération de pouvoir réflexe, et on sait aujourd'hui que cette exagération influe sur la rapidité de transmission du courant nerveux.

En Angleterre, M. Gowers a voulu démontrer, dans un travail récent, qu'en admettant l'exactitude des résultats de M. Tschirjew, l'aller et le retour de l'acte réflexe sont impossibles dans des limites aussi restreintes. Il a fait des expériences sur le temps du réflexe et prétend que ce temps est de 9 secondes à 15 secondes ; il y a loin de ces résultats à ceux obtenus par M. Tschirjew; mais, comme le fait remarquer M. Brissaud, à plusieurs titres ces conclusions sont mal fondées. Il a été impossible, jusqu'à present, de déterminer la vitesse du courant nerveux, mais les meilleures recherches faites dans ce sens, celles de Bloch, semblent établir que la vitesse du courant nerveux est de 60 mètres ou même de 150 mètres par seconde. Il est vrai qu'autrefois on admettait que la vitesse de ce courant est de 30 mètres par seconde; dans ce cas, les chiffres de M. Tschirjew peuvent paraître trop faibles; mais d'après les résultats de Bloch, le réflexe a largement le temps de se produire pendant 34 millièmes de seconde.

Du reste, on n'a qu'à comparer les procédés; quand on voit que M. Gowers se contente de recueillir sur le cylindre les oscillations transmises par le pied au style enregistreur, on est frappé de l'infériorité de sa manière d'opérer, et on ne s'étonne point de ses résultats.

Dans le courant de l'année dernière, M. Brissaud, avec le concours de M. François Franck, a analysé, par la méthode graphique, les caractères du réflexe rotulien chez les malades du service de M. Charcot, dont il était alors l'interne. Nous allons décrire son procédé, qui nous semble fournir des résultats plus rigoureux que tous les autres.

1° Il s'est servi d'un percuteur gradué dû à M. Franck. « Cet instrument consiste en un ressort qu'on peut tendre de la même façon qu'un chien de fusil et arrêter à différents degrés de sa hauteur de tension totale par des crans de charnière gradués. Au moyen d'un système d'éclanchement disposé comme une gâchette, ce ressort, muni d'un petit marteau, peut se détendre et aller frapper avec une force mesurée la face antérieure du tendon rotulien.» (Brissaud.) On n'avait pas tenu compte jusqu'alors de la variation de l'intensité des réflexes proportionnelle à l'excitation.

2° « La région prérotulienne est recouverte d'une petite feuille métallique (étain ou aluminium), munie d'une petite borne à laquelle on peut fixer un fil conducteur; d'une autre part, le marteau percuteur est mis en rapport par l'intermédiaire du ressort et d'un autre fil avec une pile électrique. Enfin, cette pile entre en communication, par son autre pôle, avec un fil adapté à la feuille métallique prérotulienne et sur le trajet duquel est interposé un signal électro-magnétique de Desprez. On conçoit que, dans ces conditions, le courant ne peut passer que lorsque le marteau est en contact avec la feuille métallique appliquée au devant du tendon. » Le passage de ce courant indique exactement le moment de la percussion du tendon.

3° Pour recueillir le tracé de la contraction du triceps, il s'est servi du myographe de Marey, muni d'un dispositif spécial, l'empêchant d'être influencé par les secousses de la percussion ou par d'autres mouvements. C'est le myographe que Marey a construit pour les expériences de Mendelssohn sur le temps perdu des muscles. Enfin l'image graphique du réflexe a été recuillie sur le cylindre du régulateur de Foucault (1).

De cette façon, il a pu recueillir un certain nombre de tracés sur des sujets sains et sur des malades. L'examen de ses tracés permet d'étudier et de comparer un certain nombre de caractères des réflexes ; tels sont : 1° la durée du temps réflexe ; 2° l'amplitude de la contraction ; 3° la durée de la contraction ; 4° la forme de la contraction.

D'après lui, le chiffre du temps réflexe est de 48 à 52 millièmes de seconde chez l'homme sain ; c'est à ce nombre qu'il est arrivé à la suite de nombreuses expériences. Il fait remarquer que cet intervalle de temps varie suivant que les sujets sont de grande ou de petite taille, c'est-à-dire suivant l'espace à parcourir : néanmoins, il conclut à la moyenne de 50 millièmes de seconde. De plus, chez un individu sain, le temps réflexe est de même durée pour les deux côtés.

Il signale, sur un certain nombre de tracés, une légère contraction musculaire qui se produit entre le moment de l'excitation du tendon et le moment de la vraie contraction réflexe. Dans certains cas, cette contraction peut être très accentuée et doit être attribuée à l'excitation locale et directe provoquée par la percussion.

Si le temps du réflexe est de même durée des deux côtés

(1) Pour mesurer d'une façon absolue le temps du réflexe, il fallait aussi tenir compte du temps perdu dans le tube de caoutchouc interposé au tambour récepteur et au tambour inscripteur. M. Brissaud s'est toujours servi du même tube et a déterminé que le retard de la transmission dans ce tube est de 8 millièmes de seconde qui doivent être défalqués sur les tracés.

chez un individu sain, si ce temps oscille dans des limites peu étendues, il n'en est pas de même dans certains états pathologiques. En effet, nous avons déjà vu M. Tschirjew trouver des chiffres trop faibles dans un cas de myélite et dans un cas de tabes spasmodique ; M. Brissaud est arrivé à des résultats analogues et, de plus, il a trouvé des différences notables entre le côté sain et le côté contracturé chez les hémiplégiques, au point de vue de tous les caractères des réflexes. Sous l'influence de l'état pathologique, la contraction du triceps se fait au bout d'un espace de temps beaucoup plus court qu'à l'état normal.

En outre, l'amplitude de la contraction est de beaucoup supérieure à ce qu'elle est chez l'homme sain, c'est-à-dire qu'elle est plus considérable, et, d'autre part, elle dure plus longtemps. Enfin, la forme de la contraction est notablement différente ; elle paraît se faire en plusieurs temps (dicrotisme ou polycrotisme). Ce dernier caractère est très important, car il représente un des caractères graphiques fondamentaux de la nature spasmodique des contractions réflexes ; il peut arriver qu'il y ait plusieurs contractions successives, ainsi que nous le verrons plus loin.

M. Brissaud mentionne une sensation toute spéciale, parfois pénible et difficile à localiser, que l'on éprouve dans la région lombaire, dans la région dorsale ou même dans la région cervicale, bien que la percussion du tendon rotulien ne détermine localement aucune douleur. Cette sensation, qui consiste en une sorte de légère commotion médullaire, subsiste, lorsque l'on percute assez rapidement, pendant un certain temps le tendon rotulien, même chez l'homme sain. On peut en faire l'expérience sur soi-même, et nous avons pu produire chez nous cette sensation. Chez quelques malades, elle peut devenir un sentiment de malaise, de constriction de la gorge, de la poitrine, disparaissant rapidement et pouvant, d'après M. Brissaud, causer l'évanouissement, du moins dans les cas où il y a une hyperexcitabilité réflexe. Il y a même, dans le service de M. Debove, une malade chez laquelle une percussion énergique et répétée du tendon rotulien provoque un accès épileptoïde.

Dans une thèse soutenue à Amsterdam dans le courant de décembre 1879, M. Ter Meulen (1) a également mesuré le temps nécessaire à la production du réflexe rotulien et a trouvé, chez l'homme sain, des chiffres variant entre 45 et 65 millièmes de seconde. Aussi nous contestons l'exactitude de sa manière de procéder, car dans le service de M. Charcot, en opérant chaque jour dans des situations identiques, on n'a jamais trouvé de différences aussi grandes. Il a également mesuré le temps réflexe chez les hémiplégiques et compare entre elles les différentes courbes musculaires. Bien que ce travail ait paru avant la thèse de M. Brissaud, les expériences de la Salpêtrière n'en sont pas moins antérieures à celles de M. Ter Meulen. Il y avait déjà longtemps qu'elles étaient commencées, lorsque M. Charcot, dans sa leçon du 11 novembre 1879, c'est-à-dire un mois avant la publication hollandaise, décrivit en public le procédé employé dans son service.

De ce qui précède, nous croyons devoir conclure que le phénomène du genou est un phénomène d'ordre réflexe, dont le centre se trouve situé dans les parties inférieures de la moelle (Schultze et Fürbringer), à l'origine du nerf cru-

(1) G. ter Meulen. Over Reflex prikkelbaarheid en Pees reflexen aan de verlamde zigde na cerebrale hemiplegien. Amsterdam, 1879.

ral (Tschirjew), et que l'excitation se fait au niveau des nerfs aponévrotiques intermédiaires au tendon rotulien et au muscle triceps.

Les mensurations du temps réflexe et les tracés de la contraction du triceps témoignent également en faveur de l'acte réflexe, car, d'après ce que l'on connaît de la vitesse du courant nerveux, le réflexe a largement le temps de se produire dans l'espace de 50 millièmes de seconde. Ce temps est beaucoup plus long que celui nécessaire à l'excitation directe, et la contraction n'est pas en rapport avec une irritation locale aussi peu énergique que celle qui agit d'habitude.

On ne s'explique peut-être pas pourquoi, en percutant pendant un certain temps, le temps réflexe peut être diminué de 5 à 6 millièmes de seconde chez un sujet sain, ainsi que l'a indiqué M. Brissaud, c'est que, dans ces cas, il y a une action modificatrice exercée sur la moelle, action que nous avons déjà vue se traduire sous forme d'une commotion légère. Dans les cas pathologiques, où l'on voit le temps réflexe tomber à 28 millièmes de seconde, peut-être au-dessous, bien qu'il y ait une contraction excessivement énergique, il faut admettre que l'exagération du pouvoir excito-moteur de la moelle amène non seulement une exagération du réflexe tendineux, mais aussi une augmentation de la vitesse du courant nerveux.

2° *Du phénomène du pied au point de vue physiologique.*

Depuis longtemps en France on considère le phénomène du pied comme un acte réflexe produit sous l'influence de l'irritabilité pathologiquement augmentée de la moelle, car à l'encontre du phénomène du genou, il n'y a pas trace du signe du pied à l'état normal. Nous savons déjà par quelle manœuvre on le détermine, mais, d'après M. Charcot, voici en quoi il consiste : « Il y a alternativement des contractions violentes des fléchisseurs et des extenseurs entremêlées dans quelques circonstances de contractions des muscles abducteurs et adducteurs. » C'est en effet la théorie de l'école française que nous avons trouvée consignée dans la thèse de Dubois (1). C'est l'antagonisme des muscles extenseurs et fléchisseurs qui est mis en action, et on sait que chaque point mobile de l'organisme est toujours entre deux forces musculaires opposées, fait qui a été mis en lumière depuis de longues années par Bichat, dans les passages suivants :

« *Telle est*, dit-il, *la disposition du système musculaire, qu'une de ses portions ne peut être contractée, sans que l'autre ne soit distendue...* » Et plus loin : « *Ces organes sont dans une tendance continuelle à la contraction, surtout quand ils ont dépassé en s'allongeant leur grandeur naturelle...* » Ainsi la contractilité est une propriété essentielle des muscles et ils sont toujours prêts à quitter l'état de repos sous l'influence d'une excitation, mais de plus, ils mettent en jeu la contractilité des muscles qui leur sont opposés. Bichat va même plus loin : « *L'effet de tout muscle qui se contracte n'est donc pas seulement d'agir sur l'os auquel il s'implante, mais encore sur le muscle opposé. Le muscle d'un côté agit directement sur celui qui lui correspond pour le distendre. Or cette action des muscles les uns sur les autres est précisément le phénomène des antagonistes*(2). » Dans le cas présent,

(1) Dubois. Thèse de Paris, 1868.
(2) Bichat. Anatomie générale, t. III, p. 255.

cette action des antagonistes est portée à son plus haut point sous l'influence de l'hyperexcitabilité de la moelle et il s'agit par conséquent d'un phénomène réflexe. Voyons quelle a été l'opinion des auteurs qui se sont occupés de ce sujet et comment on a expliqué l'action de la cause irritative, c'est-à-dire de la manœuvre qui consiste à relever brusquement la pointe du pied.

Pour Erb et Westphal, l'action résulte du tiraillement du tendon d'Achille,et ils se basent sur certains cas pathologiques dans lesquels on arrive à produire le phénomène du pied par la simple percussion de ce tendon. Ils font également remarquer qu'à l'état normal, si on percute un certain nombre de fois assez rapidement le tendon d'Achille, il se produit une suite de contractions du triceps sural, donnant lieu à un phénomène semblable à celui de la trépidation. Pour eux, le phénomène consiste essentiellement dans une suite de contractions du triceps sural; la main pratiquant la flexion du pied sur la jambe produit une première excitation du tendon, le muscle se contracte,il abaisse la plante du pied qui entraîne avec lui la main de l'opérateur, mais cette main, qui fait effort, repousse bientôt le pied dans la flexion (dorsal flexion); de là,nouvelle excitation du tendon, contraction du muscle et ainsi de suite, jusqu'à ce que ce dernier soit fatigué. Mais alors ils ne donnent pas d'explication pour les cas rapportés par eux et dans lesquels on obtient la trépidation par la simple percussion du tendon d'Achille.

Ainsi donc Erb et Westphal n'avaient pas vu l'action des muscles antagonistes, et ce dernier qui n'admet pas l'action réflexe est assez embarrassé dans ses explications.

Cette action des antagonistes a été bien comprise par Lewinski. Il distingue d'abord deux ordres de cas, ceux dans lesquels il y a exagération des réflexes tendineux; sans exagération du réflexe cutané, et ceux dans lesquels l'exagération des phénomènes tendineux existe concurremment avec l'augmentation des réflexes cutanés. Il admet dans la moelle des centres moteurs en connexion avec les nerfs sensitifs excités. Dans les cas pathologiques où il y a une augmentation du pouvoir réflexe, il reconnaît l'action des muscles antagonistes (fléchisseurs et extenseurs); ainsi, dans un de ses cas, un coup porté sur les tendons des fléchisseurs des doigts produisait une alternative de mouvements de flexion et d'extension de la main. Les cas où le phénomène du pied apparaît sous l'influence de la simple percussion du tendon d'Achille s'expliquent facilement par la contraction alternative des muscles extenseurs et fléchisseurs. Si l'excitabilité de la moelle est très exagérée, on obtiendra des contractions dans des groupes de muscles situés plus haut (adducteurs et abducteurs). Ce sont les idées de l'école française sur les antagonistes, idées qui avaient été reproduites dans le travail de Joffroy. M. Tschirjew dit également qu'il faut tenir compte d'une semblable innervation des muscles antagonistes et de l'élasticité de ces derniers dans la production des mouvements rythmiques.

Voici en effet comment doit se produire le phénomène. Les muscles étant dans un certain état de contracture, ainsi que nous le verrons plus loin, si l'on vient à soulever brusquement et d'une façon énergique la pointe du pied, on tiraille le tendon d'Achille et par suite on excite les nerfs aponévrotiques intermédiaires au tendon et au muscle: cette excitation se transmet à la moelle; il se produit une contraction du triceps sural de la même façon qu'il se produit au genou la contraction du triceps fémoral à la suite de l'excitation de son tendon. Mais cette contraction attire le pied dans l'extension et tiraille les tendons des muscles fléchisseurs du pied sur la jambe; de là contraction réflexe de ces muscles, qui relèvent la pointe du pied, tiraillent le tendon du triceps, provoquent une nouvelle contraction de ce muscle et ainsi de suite.

Si l'on applique la main sur les muscles du mollet pendant les mouvements convulsifs, on perçoit très nettement une suite de contractions dans ces muscles; mais d'où vient que l'on ne perçoit pas la contraction des muscles de la région antérieure, auxquels nous assignons un rôle dans la production du phénomène du pied ? Cela tient d'abord à la tension et à l'épaisseur des aponévroses et aussi à la disposition penniforme de ces muscles, grâce à laquelle leurs fibres s'insèrent à différentes hauteurs, de sorte qu'il ne se produit pas un énorme ventre de contraction, comme dans la masse du triceps sural. Cependant nous devons dire que, dans certains cas, on peut percevoir un léger frémissement musculaire à travers l'aponévrose.

M. Gowers prétend que le phénomène du pied n'est pas une manifestation des réflexes tendineux et il s'appuie sur ce que, dans certains cas, les mouvements convulsifs du pied sont si rapides qu'il n'y a pas le temps nécessaire à l'aller et au retour de l'excitation réflexe. Ce n'est pas une preuve suffisante, et nous lui répondrons ce qui a déjà été dit à propos du phénomène du genou. On n'est pas fixé, dans l'état actuel de la science, sur la vitesse du courant nerveux ; on sait, d'un autre côté, que la vitesse de ce courant augmente avec le degré d'hyperexcitabilité de la moelle : or le phénomène du pied étant une manifestation d'un degré très grand d'exaltation de l'excitabilité des centres médullaires, il n'y a rien d'étonnant à ce que la production des actes réflexes se fasse dans un espace de temps aussi restreint.

De même le réflexe a bien son origine dans l'excitation des tendons, car nous avons vu des cas dans lesquels la simple percussion du tendon d'Achille est le point de départ des mouvements rythmiques et des cas où le phénomène du pied existe, bien que les réflexes cutanés soient normaux ou même diminués.

Mais, dira-t-on, pourquoi le signe du pied n'existe-t-il pas à l'état normal et pourquoi la trépidation n'existe-t-elle pas au genou, même dans les cas où l'exaltation des réflexes tendineux est portée à son plus haut point ?

Si le signe du pied n'existe pas chez l'homme sain, cela tient à la disposition et au mode d'insertion des fibres des muscles de la partie antérieure de la jambe ; aussi, comme le fait remarquer Lewinski à propos du phénomène de la main, les muscles sont tiraillés avant leur tendon. Il n'y a pas, par conséquent, d'irritation des nerfs centripètes du tendon et de l'aponévrose. L'exagération de la tension musculaire, autrement dit la contracture, intervient dans les cas pathologiques sous l'influence de l'hyperexcitabilité de la moelle, et l'irritation des terminaisons nerveuses aponévrotiques a lieu.

Mais si au genou les mouvements de la trépidation n'ont pas lieu, même dans les cas où le réflexe patellaire est très accentué, cela tient, d'après nous, à la position fléchie dans laquelle on place la jambe pour provoquer le réflexe rotulien. En effet, dans cette position, les muscles fléchisseurs de la jambe sur la cuisse, loin d'avoir l'état de tension passive nécessaire à la production des réflexes tendineux, sont au contraire dans le relâchement, le triceps seul est tendu passivement ; par conséquent, quand se produit le mouvement de soulèvement de la jambe, les tendons de la région postérieure sont à peine tiraillés et la jambe retombe presque par son propre poids. Je ne veux pas cependant nier complètement ici l'action des antagonistes, qui est démontrée par la section du sciatique.

D'un autre côté, M. Brissaud nous faisait remarquer que, tandis qu'au pied deux forces (fléchisseurs et extenseurs) agissent alternativement aux deux extrémités d'un levier perpendiculaire à son point d'application situé entre ces deux mêmes forces et n'ont qu'une faible résistance à vaincre, au genou le triceps par son mode d'insertion sur le levier de la résistance a, dans le cas dont il s'agit (demi-flexion), à soulever tout le poids de la jambe et du pied. Il faut, par conséquent, qu'il se contracte énergiquement, et cette contraction doit être déterminée au moyen d'une excitation suffisante de son tendon, excitation résultant de la contraction des muscles antagonistes. Nous venons de voir que ces muscles ont été placés dans la condition la plus défavorable à la production du réflexe de leurs tendons ; ils n'ont donc aucune tendance à se contracter et à exciter le tendon rotulien.

Cependant dans certains cas, accompagnés d'une très grande exagération des réflexes tendineux, le phénomène des antagonistes se produit à la cuisse dans une certaine mesure, mais rarement de façon à soulever plusieurs fois la jambe d'une façon appréciable. M. Straus et moi avons observé une double contraction du triceps chez un malade de son service. MM. Charcot et Brissaud ont également observé des faits de ce genre sur des malades de la Salpêtrière. Généralement, il ne se produit que deux ou trois contractions successives, mais il peut en exister un plus grand nombre.

M. Brissaud dit avoir observé dans les cas où le réflexe rotulien se produisait avec facilité, qu'en plaçant la main sous le mollet, au lieu de la placer sous le jarret, c'est-à-dire en allégeant le poids à soulever par le triceps et en diminuant le relâchement des muscles de la région postérieure, la tendance aux contractions multiples augmente. Du reste, la possibilité d'obtenir quelquefois le réflexe du triceps dans sa forme clonique, en tirant vivement la rotule en bas avec la main, confirme nos explications ; l'action de la main remplace celle des antagonistes.

3° *Des phénomènes d'arrêt.*

Nous avons parlé de la manœuvre qui consiste à fléchir le gros orteil pour faire cesser la trépidation spinale. M. Brown-Séquard a découvert le fait et publié un mémoire dans lequel il attribue l'arrêt immédiat de ces convulsions à l'irritation des nerfs sensitifs produite par la flexion du gros orteil. M. Charcot a ensuite constaté le même fait sur plusieurs malades, Erb et Westphal ont cherché à contester cette explication ; ils ont prétendu que pour faire cesser la trépidation, il faut non seulement fléchir le gros orteil, mais aussi porter le pied dans ce qu'ils appellent la flexion plantaire, c'est-à-dire cesser la manœuvre qui provoque le clonus du pied ; que Brown-Séquard n'a pas fait autre chose en croyant ne fléchir que le gros orteil. Ils n'avaient pas compris la théorie de ce savant professeur.

Lewinski reprit la question et distingua deux sortes de

cas, ceux dans lesquels les réflexes cutanés sont exagérés et ceux dans lesquels les réflexes cutanés sont normaux. Si, dans les cas de la première catégorie, on vient à pincer la peau du dos du pied, on augmente le tremblement; l'excitation partie de la peau renforce l'excitation produite par le tiraillement du tendon d'Achille ; dans les cas de la seconde catégorie, en comprimant ou en fléchissant brusquement le gros orteil, en pinçant la peau du dos du pied, on arrête le tremblement, l'irritation des nerfs sensitifs supprime l'effet de la première excitation. De même, si on pince la peau du dos du pied, la jambe étant en repos, il se produira dans un cas du tremblement, dans l'autre, un simple mouvement de flexion de la jambe.

Erb a noté de son côté que le pincement de la peau du ventre dans certains cas, la faradisation intense du membre du côté opposé mettent obstacle à la contraction du triceps crural.

Au sujet des phénomènes d'arrêt, nous ne pouvons passer sous silence la découverte de Nothnagel, qui a pu en pressant sur le nerf sciatique faire cesser le phénomène du pied et le phénomène du genou du même côté ou du côté opposé. Il ne considère pas cela comme une interruption de l'excitation convulsive centrifuge, puisque la pression sur le nerf crural interrompt les mouvements dans la région du sciatique, et la pression sur le cordon nerveux d'une jambe interrompt également les mouvements dans celle du côté opposé. Il la considère comme une excitation centripète produite par la pression sur l'ensemble des filets sensibles du cordon nerveux, car l'excitation des filets disséminés ne produit rien. En somme, cette découverte entre dans celle de Brown-Séquard et n'est qu'un mode particulier de l'arrêt de convulsions par l'excitation des nerfs sensitifs.

Nous dirons d'une façon générale que l'excitation des nerfs sensitifs peut tantôt supprimer le tremblement, tantôt l'augmenter, tantôt rester sans effet, suivant qu'il y a tout simplement une exagération des réflexes tendineux ou bien exagération à la fois des réflexes tendineux et des réflexes cutanés, ou que les premiers sont exagérés et les seconds abolis, car les arcs de ces réflexes sont indépendants l'un de l'autre.

Les réflexes tendineux, ainsi que nous le savons, peuvent sous l'influence d'états pathologiques se produire sur une foule de muscles qui n'en présentent pas de traces à l'état normal par suite de leur disposition défavorable à l'excitation de leur tendon. L'excitabilité pathologique de la moelle et la contracture remédient à cet état de choses. Ce qui vient d'être dit du réflexe rotulien nous dispense d'insister plus longuement sur ces phénomèmes, et les explications du phénomène du pied peuvent s'appliquer au phénomène de la main. Nous dirons cependant que ce dernier phénomène se produit beaucoup moins souvent que le phénomène du pied, ce qui tient à ce que la main ne se trouve pas dans des conditions identiques à celles du pied.

Il nous paraît utile de montrer ici les rapports qui existent entre les réflexes tendineux et la contracture. Ces rapports avaient déjà été entrevus par Westphal et quelques autres auteurs, mais c'est en France qu'ils ont été bien étudiés et mis en lumière par M. Charcot. On savait depuis longtemps chez nous que quand la contracture permanente s'est établie chez les hémiplégiques, le phénomène du pied est la règle ; mais ce que l'on ne savait pas, c'est que souvent la trépidation précède la contracture de plusieurs semaines et que pendant ce temps cette dernière s'établit d'une façon graduelle, L'exagération des réflexes tendineux indique sûrement l'apparition de la contracture, je dirai même qu'elle en est le premier degré. Du reste, dans toutes les maladies où l'on observe cette exaltation des phénomènes tendineux, la contracture a été notée. Cependant tout le monde a vu des paralysies flaccides ou des parésies dans lesquelles il n'y avait pas de contracture évidente. Dans ces cas, il y a un certain degré de contracture que M. Charcot appelle contracture latente. En effet, on peut faire apparaître la contracture à l'occasion de certains mouvements ou plus sûrement pour le membre inférieur, en percutant un certain nombre de fois le tendon rotulien du membre paralysé. On voit alors apparaître au bout de peu de temps une raideur caractéristique du membre. Ainsi, M. Brissaud rapporte que, sur une malade de la Salpêtrière, la percussion du tendon rotulien provoquait une série de contractions du triceps à la suite de laquelle s'établissait la contracture permanente de ce muscle. Au membre supérieur, il suffit quelquefois de percuter rapidement les tendons des fléchisseurs des doigts pour voir apparaître l'état de contracture.

Nous avons déjà vu que la strychnine produit dans les membres paralysés l'exaltation des réflexes tendineux. On pouvait s'attendre à ce résultat d'après ce que l'on connaît de cet agent thérapeutique. Dès 1853, Marshall-Hall disait : « La strychnine est on ne peut plus épileptoïde chez les chiens. » Mais ce que l'on sait aussi, c'est que la strychnine détermine et précipite la contracture. On sait également que le bromure de potassium, administré à hautes doses, diminue non seulement l'intensité des réflexes tendineux, mais aussi la contracture. Nous voyons donc deux agents, dont l'un exalte, l'autre diminue le pouvoir excito-moteur de la moelle, avoir la même action sur les réflexes tendineux et la contracture.

D'un autre côté, on a établi depuis plusieurs années les rapports qui existent entre la contracture et la tonicité musculaire; nous trouvons dans la thèse de M. Straus : « On pourrait, avec quelques auteurs, considérer la contracture comme une exagération morbide de la tonicité normale du muscle (1). » Les muscles sont dans un état de raccourcissement actif incessant, qui ne disparaît que lorsque le nerf moteur correspondant a été sectionné. « La moelle épinière, dit M. Vulpian, agit d'une façon incessante sur les muscles, où elle produit, par la voie des nerfs moteurs, le tonus musculaire. Cette action continue de la moelle est sans doute provoquée par des stimulations excito-motrices centripètes provenant des muscles eux-mêmes ou des téguments. »

On s'explique dès lors d'une façon générale la production des réflexes tendineux. Le pouvoir excito-moteur de la moelle, exagéré sous l'influence d'états pathologiques, produit une exagération de la tonicité musculaire, qui se manifeste sous forme de fortes contractions réflexes provoquées par la stimulation des nerfs centripètes des tendons. Un degré plus grand d'exagération de la tonicité musculaire produit la contracture; ainsi donc, l'exaltation des réflexes tendineux et la contracture ont une même origine : l'augmentation du pouvoir excito-moteur de la moelle, augmentation que l'on peut produire artificiellement au

(1) Thèse d'agrégation, p. 88.

moyen de la strychnine. M. Charcot a également fait remarquer que l'exagération des réflexes tendineux est un des caractères de l'état spasmodique.

Nous savons déjà que les réflexes tendineux sont différents des réflexes cutanés. M. Charcot considère qu'ils sont vraisemblablement représentés dans la substance grise par deux systèmes diastaltiques distincts. En effet, nous verrons en clinique que ces deux modes d'activité réflexe peuvent être affectés séparément; l'hystérie nous en offre un exemple frappant quand elle est accompagnée d'hémianesthésie et d'hémiparésie. Les réflexes tendineux du côté correspondant à l'hémianesthésie se montrent très prononcés, mais toutes les excitations cutanées, même les plus violentes, ne sont suivies d'aucun mouvement réflexe.

La conclusion de ce chapitre est celle-ci : « Ces phénomènes tendineux sont le résultat d'actions réflexes ; ils ont pour origine les nerfs centripètes aponévrotiques placés entre le muscle et le tendon, nerfs qui se rendent avec les racines postérieures aux cellules œsthésodiques de la moelle, qui sont elles-mêmes en rapport avec les cellules motrices des cornes antérieures; l'arc réflexe est complété par les cellules motrices et par les nerfs moteurs qui en émanent. L'arc des réflexes tendineux n'est pas le même que l'arc réflexe musculo-cutané. » (Charcot.)

Les contractions musculaires produites par la percussion des os trouveraient peut-être leur explication dans le tiraillement des aponévroses qui s'y insèrent et l'irritation des nerfs aponévrotiques sous l'influence de l'augmentation du pouvoir réflexe du centre spinal.

CHAPITRE IV.

DES RÉFLEXES TENDINEUX DANS LES MALADIES DU SYSTÈME NERVEUX ET DANS QUELQUES MALADIES AIGUES.

Nous allons étudier maintenant comment se comportent les réflexes tendineux au point de vue pathologique et voir quelles sont les maladies qui produisent leur exagération et quelles sont celles qui déterminent la disparition des réflexes tendineux normaux, c'est-à-dire du phénomène du genou, mais auparavant, considérons d'une façon générale quelles lésions de la moelle influent sur ces phénomènes.

Nous savons déjà qu'en sectionnant les cordons postérieurs de la moelle on abolit le réflexe du genou, par conséquent on ne sera pas étonné de le trouver absent dans l'ataxie locomotrice ; mais l'arc réflexe est également interrompu en totalité ou en partie dans les affections liées aux altérations de la substance grise antérieure, si ces altérations s'étendent jusque dans la région lombaire.

Il est établi, d'un autre côté, que les cordons latéraux représentent le substratum anatomique où réside le point de départ de toutes les contractures. « La coïncidence constante de cette lésion, dit M. Straus, avec un symptôme univoque, la contracture, l'une apparaissant dès que l'autre s'est affirmée, nous force donc à établir un lien entre eux et à rapporter le fait de la contracture à l'existence de l'induration scléreuse du cordon latéral (1). » Cependant il ne

(1) Straus. Des contractures. Thèse citée.

faut pas prendre la chose à la lettre, car on peut voir la sclérose sans la contracture et la contracture sans sclérose, par exemple dans l'hystérie. Nous trouverons une exagération des réflexes tendineux dans les cas où l'on observe cette contracture, c'est-à-dire dans les dégénérescences systématiques primitives ou secondaires des cordons antéro-latéraux. Cependant, d'après M. Charcot, l'exagération des réflexes tendineux et la contracture ne surviennent que parce qu'il y a, dans ce cas, une irritation permanente des cellules motrices des cornes grises antérieures, et, dans l'hystérie, cette irritation a lieu la plupart du temps sans qu'il y ait une dégénérescence des cordons latéraux.

Nous devons rappeler ici que ce savant professeur fait jouer un rôle important à la dégénérescence des faisceaux pyramidaux dans la production de la contracture ; cette dégénérescence a également des rapports intimes avec l'exagération des réflexes tendineux. Si l'on considère que ces phénomènes sont très accentués chez le nouveau-né dès le premier jour, et qu'ils s'atténuent, en général, au bout de quelques semaines, ainsi que le rapporte Eulenburg (1), on est frappé de l'importance de ce fait. En effet, chez le nouveau-né, les faisceaux pyramidaux ne sont pas encore complètement développés, et l'influence modératrice que l'on prête au cerveau ne peut s'exercer par cette voie.

Dans les myélites non systématiques, on comprend que les réflexes tendineux pourront se comporter de différentes façons, suivant le siège de la lésion, mais la raison anatomique de leur abolition est peut-être plus difficile à expli-

(1) Ueber Sehnen reflexe bei Kindern. D. Zeitschrift f. pract. med. 1878, n° 31.

quer dans certaines maladies aiguës et dans la paralysie diphthéritique.

I. *Ataxie locomotrice progressive.*

« Le phénomène du genou manquait comme le phénomène du pied dans tous les cas de tabes dorsalis confirmés où on les a recherchés. » (Westphal.) Ce fait a été confirmé par Erb, qui l'a consigné dans la Pathologie de Ziemssen, par Buch (1) et par M. O. Berger, qui a présenté dans ce but plusieurs observations à la Société de médecine de Breslau. Westphal (2) attire l'attention sur la valeur de l'absence de ce réflexe au point de vue du diagnostic, à une époque où les symptômes du tabes n'ont point encore fait leur apparition ; il a pu porter le diagnostic de tabes dorsalis à une époque où il n'y avait encore que de la diplopie avec engourdissement des doigts des deux côtés. Aussi, d'après cette abolition, on peut décider si un cas d'amaurose, un cas d'hypochondrie n'est pas un début d'ataxie. Erb (3) rapporte que sur 49 cas de tabes confirmé, l'abolition des réflexes tendineux n'a manqué qu'une fois. C'est, avec les douleurs lancinantes, le phénomène le plus précoce de l'ataxie ; cependant les muscles réagissent bien sous l'influence d'une irritation mécanique locale. Berger (4), sur 19 cas de tabes commençant sans troubles évidents de coordination, a trouvé 17 fois l'absence du réflexe du tendon rotulien et celui du tendon d'Achille ; ils étaient également abolis dans 3 cas où les malades se plaignaient

(1) Buch. Petersburg. med. Woch., 1878.
(2) Berliner klin. Woch., 1878, n° 1.
(3) Deutsches Arch. f. klin. Med., t. II, p. 1.
(4) Centrbl. f. Nerv. heilk., 1879, n° 4.

uniquement de douleurs fulgurantes dans les extrémités inférieures (1).

M. Charcot a constaté cette abolition sur plusieurs malades de la Salpêtrière, et nous l'avons nous-même trouvée avec M. Straus sur plusieurs malades de son service. Les réflexes cutanés persistent le plus souvent et sont même quelquefois exaltés ; avec la disparition des réflexes tendineux coïncide celle du tonus musculaire. « En conséquence les muscles sont flasques, et cette diminution du tonus contribue incontestablement pour une bonne part à donner à la démarche et aux mouvements des membres, lesquels conservent d'ailleurs pendant longtemps une grande énergie, leur caractère brusque, saccadé, non mesuré. » (Charcot.)

L'absence du phénomène du genou indique une dégénérescence des cordons postérieurs s'étendant jusque dans la région lombaire. Ce fait, constaté par les autopsies, est complètement en accord avec les expériences physiologiques. M. Tschirjew explique, par la destruction des fibres commissurales contenues dans les bandelettes externes, non seulement les troubles d'incoordination chez les ataxiques qui, de ce fait, sont obligés d'innerver séparément les muscles antagonistes, mais aussi l'abolition du phénomène du genou, l'excitation tendineuse ne se transmettant plus aux cellules motrices des cornes antérieures. A la Société de médecine de Berlin, on lui a fait cette remarque que, dans les sections de la moelle de haut en bas ou de bas en haut, l'intensité du phénomène du genou augmente avant qu'il ne disparaisse complètement, et qu'il devrait exister

(1) Voyez également Erlenmeyer: Schweiz Corr. Blatt., 1879, nos 1 et 2. Ueber tabes dorsalis incipiens.

dans l'ataxie un stade correspondant qui n'a pas été observé. Il a répondu que la dégénérescence des cordons postérieurs de la moelle ne produit pas de lésions suffisamment localisées dans la région du sciatique pour obtenir l'augmentation du phénomène. A l'époque où les lésions s'accentuent assez pour produire la parésie des fléchisseurs, le phénomène du genou a disparu depuis longtemps.

Le phénomène du genou peut, en résumé, exister au début de l'ataxie si les parties de la moelle correspondant à l'origine du nerf crural sont intactes. Aussi n'est-il pas tout à fait permis de porter le diagnostic de tabes dorsalis par suite de la seule absence du phénomène du genou; mais s'il y a déjà quelques douleurs lancinantes, on pourra porter presque sûrement le diagnostic.

2° *Polyomyélites antérieures aiguës ou chroniques.*

Sous ce nom on comprend la paralysie infantile, l'atrophie musculaire progressive spinale primitive et les autres affections de la même catégorie caractérisées par la lésion des cornes antérieures de la substance grise de la moelle. Dans ce groupe d'affections, on a noté l'atténuation suivie plus tard de l'abolition des réflexes tendineux. D'après Erb (1), dans la polyomyélite antérieure aiguë des enfants ce que nous appelons la paralysie infantile, l'irritabilité réflexe de la moelle est abolie; on ne peut produire la moindre contraction dans les muscles malades au moyen de l'excitation de leur tendon ou de l'irritation de la peau. Lichtheim a également noté dans l'atrophie musculaire

(1) Ziemmssen's Pathologie.

progressive, l'affaiblissement progressif du réflexe tendineux rotulien et l'absence des autres réflexes. Hammond donne l'abolition des réflexes tendineux, comme un symptôme des polyomyélites. Le Dr Ludwig Brieger dans la paralysie pseudo-hypertrophique de l'enfance (1) a constaté l'abolition du réflexe patellaire et du réflexe du tendon d'Achille, de même que l'abolition de la contractilité mécanique, tandis que les mouvements réflexes produits par l'excitation de la plante du pied étaient conservés, ainsi que la sensibilité cutanée et la sensibilité à la température. Cependant l'existence des réflexes tendineux a été observée dans ce groupe d'affections et Leyden dans un cas d'atrophie musculaire progressive (2) a pu provoquer le réflexe du genou d'une façon évidente, à une époque où il y avait déjà de la faiblesse des extrémités inférieures, l'atrophie étant limitée aux membres supérieurs. C'est qu'en effet, quand les lésions de la moelle n'ont pas encore envahi la région lombaire, on peut constater l'existence de ce phénomène ; à mesure que les lésions lombaires s'accentueront, c'est-à-dire que les cellules motrices antérieures s'atrophieront, on verra s'affaiblir le réflexe rotulien et bientôt il disparaîtra complètement, disons aussi que l'atrophie musculaire doit hâter sa disparition.

Observation I (résumée) (2).

Polyomyélite antérieure subaiguë. Abolition des réflexes tendineux.

A. G..., 42 ans. Constitution robuste, bonne santé antérieure. Le début de la maladie remonte au mois de juillet 1876 ; elle s'est ma-

(1) D. Archiv. f. klin. Med., t. XXII.
(2) Leyden. Arch. f. Psych., 1878.
(3) Erb. In Ziemssen's Pathologie, 2e partie. t. II, p. 308.

nifestée par une faiblesse générale, des maux de tête, des phénomènes dyspeptiques, une certaine faiblesse des jambes avec fourmillements.

Au commencement de septembre, faiblesse des extrémités supérieures.

Etat au 6 octobre 1876. Parésie accentuée et paralysie partielle des extrémités inférieures, impossibilité d'exécuter les mouvements des orteils et de l'articulation du pied, difficulté des mouvements de l'articulation du genou et de celle de la hanche. Parésie des extrémités supérieures.

Les réflexes cutanés et les réflexes tendineux sont complètement abolis aux membres inférieurs. Les muscles sont flasques et atrophiés aux quatre membres. La contractilité mécanique est diminuée d'une façon évidente dans les muscles atrophiés, de même que la contractilité faradique.

Ce cas correspond à la paralysie spinale antérieure subaiguë de Duchenne (de Boulogne).

3° *Dégénérescences secondaires de la moelle épinière dans les maladies cérébrales.*

M. Charcot a insisté depuis longtemps, ainsi que M. Bouchard sur la trépidation provoquée et les contractures secondaires survenant à la suite d'un ramollissement ou d'une hémorrhagie cérébrale, comme signes de la sclérose des cordons antéro-latéraux, aussi Westphal n'a-t-il rien énoncé de nouveau, quand il est revenu sur ce sujet à propos des réflexes tendineux. On savait également qu'il se produit dans ces cas, mais beaucoup plus rarement le phénomène de la main. Dernièrement MM. Charcot et Brissaud ont repris la question et ont montré que la dégénérescence secondaire dans les hémiplégies d'origine cérébrale débute par le faisceau pyramidal et s'annonce par l'exagération des réflexes tendineux. Si, dit M. Charcot, les fibres de la capsule ont été déchirées, pour peu que la déchirure porte sur celles des fibres qui appartiennent au faisceau pyramidal, le cas est des plus sérieux.... Une telle lésion destructive entraîne nécessairement le développement d'une lésion spinale descendante qui à son tour entretient fatalement la persistance indéfinie, plus ou moins complète de la puissance motrice. » Cette lésion spinale descendante produira au bout d'un temps plus ou moins long la contracture, mais cette contracture sera précédée d'une période prodomique pendant laquelle s'observera l'exagération des réflexes tendineux, qui, si elle ne permet pas d'affirmer l'existence de la dégénération, la rend cependant fort vraisemblable. On observe d'abord l'exagération du réflexe rotulien : plus tard, l'apparition des réflexes tendineux d'une foule de muscles, tant du membre inférieur que du membre supérieur (triceps, biceps, fléchisseurs des doigts, etc.) du phénomène du pied et quelquefois de celui de la main. Ces réflexes s'accentueront et persisteront pendant toute la durée de la contracture, et plus tard, quand le membre sera devenu flaccide, on les provoquera facilement, car la contracture existe encore à l'état latent. Si l'on constatait la suppression ou l'affaiblissement des réflexes tendineux chez des hémiplégiques dont la contracture elle-même disparaît ou a disparu, cela tiendrait à une dégénérescence des muscles paralysés et à l'extension de la lésion aux cornes antérieures.

M. Brissaud a recueilli le tracé de la contraction réflexe du triceps chez les hémiplégiques du côté sain et du côté contracturé ; on voit qu'elle est plus soudaine, plus énergique, qu'elle s'effectue plus rapidement du côté malade que du côté sain et qu'elle est également de forme différente. Le temps réflexe est quelquefois plus long de 8 ou 10 millièmes de seconde et même plus, du côté contracturé que du côté sain, ainsi que le prouvent les tracés comparatifs. Cependant le côté sain n'est pas tout à fait sain, car de ce côté le temps réflexe est en moyenne un peu plus court que chez un individu normal.

Du reste, M. Déjerine a fait la remarque très intéressante que chez certains hémiplégiques, on détermine dans le membre sain par la flexion du pied sur la jambe un tremblement réflexe en tous points analogue à celui qui existe dans le membre inférieur du côté paralysé. Il a fait l'hypothèse que la sclérose latérale descendante s'est propagée dans ce cas au cordon latéral sain, ce qui est fort vraisemblable, car M. Charcot a vu quelquefois la contracture permanente s'emparer de ce membre de sorte que l'hémiplégie se complique d'une paraplégie avec rigidité. Il est bien entendu que dans les cas où la rigidité du membre est telle que les mouvements ne sont plus possibles, les réflexes tendineux ne peuvent être provoqués, cependant si l'on peut encore imprimer quelques mouvements à l'articulation du pied, le phénomène de la trépidation peut se produire. Les réflexes cutanés ne sont que médiocrement exaltés dans la plupart des cas, car si quelquefois on a pu produire le tremblement en excitant la peau de la plante du pied, dans la majorité des observations, cette excitation reste sans effet.

Mais à quelle époque apparaît l'exaltation des réflexes tendineux chez les hémiplégiques ? Chez une malade de la Salpêtrière, M. Charcot a vu la trépidation provoquée se manifester huit jours après l'attaque et c'est seulement quinze jours après, c'est-à-dire au bout de trois semaines environ que la contracture a commencé à paraître; quelquefois cependant la trépidation n'existe pas, alors que les réflexes tendineux sont exagérés au genou et au membre supérieur; dans tous les cas l'exagération du réflexe du genou est le phénomène initial.

Quelquefois l'exagération du pouvoir réflexe est telle que l'on provoque des contractions en percutant les os. Sur un malade observé par G. ter Meulen, la percussion de la clavicule gauche provoquait une légère contraction du triceps brachial droit; la percussion de la clavicule droite, de même que celle du tendon du biceps du même côté, du périoste du radius, du condyle interne de l'humérus déterminait une vive contraction de ce muscle.

Observation II (résumée) (1).

(Hôpital Tenon, service de M. Straus).

Hémiplégie droite avec aphasie. Pas d'exagération des réflexes tendineux. Guérison. Rechute suivie bientôt d'exagération des réflexes tendineux et de contracture, surtout au membre supérieur.

B... (Arsène), âgé de 43 ans, comptable, entre le 8 janvier 1880, à l'hôpital Tenon, service de M. le professeur agrégé Straus, salle 2, extrême gauche n° 2.

Cet homme travaillant dans son bureau, le 7 janvier, voulut se lever pour circuler dans l'appartement, mais il tomba brusquement sur le sol et ne put se relever; il n'y eut pas perte complète de connaissance. A son entrée à l'hôpital, on constate une hémiplégie complète de tout le côté droit. La sensibilité est intacte; il y a de l'aphasie, mais l'intelligence est conservée.

Vers le 15 janvier, il commence à prononcer quelques phrases.

Le 28. La motilité commence à revenir dans le membre supérieur et dans le membre inférieur; il n'y a pas de contracture, pas de

(1) Nous devons cette observation à l'obligeance de notre excellent ami, M. Karth, interne du service.

réflexes tendineux, à peine une facilité un peu plus grande de produire le réflexe rotulien du côté malade que du côté sain.

Cet homme était considéré comme à peu près guéri, lorsque le 17 mars, à la visite du soir, on constate que l'aphasie est revenue en partie. Le soir, à 10 heures, il est pris d'une attaque probablement épileptiforme, d'après la description qu'en firent ses voisins. Il se souleva violemment dans son lit et ses membres furent agités de secousses convulsives ; il y eut perte de connaissance. L'interne de garde trouva le malade plongé dans la stupeur, le membre inférieur complètement paralysé ; les mouvements du membre supérieur étaient conservés.

Le lendemain on ne constate qu'un léger embarras de la parole et une forte diminution de la motilité du membre supérieur et du membre inférieur droits.

31 mars. Le malade parle avec facilité, mais toujours avec une certaine hésitation. La motilité est à peu près revenue dans le membre inférieur droit, le malade marche quoique assez difficilement ; il y a une exagération évidente du réflexe rotulien, mais on ne parvient pas à provoquer la trépidation. Il n'en est plus de même au membre supérieur ; le coude et le poignet sont presque immobilisés dans la flexion ; il y a de la contracture qui permet cependant quelques mouvements.

Aussi on produit le réflexe tendineux du triceps, du biceps ; en percutant les tendons des fléchisseurs des doigts, on produit un mouvement de flexion des doigts, non-seulement du côté paralysé, mais également du côté sain. Au membre supérieur, comme au membre inférieur gauche, il n'y a pas d'exagération des réflexes tendineux.

Quelques jours après le malade sort de l'hôpital, malgré l'existence de l'impotence fonctionnelle du bras droit.

Ce n'est pas seulement dans le cas d'hémorrhagie ou de ramollissement cérébral que l'exagération des réflexes tendineux a de l'importance ; mais dans toutes les maladies d'origine cérébrale où l'on rencontre cette exagération, on est en droit de porter le diagnostic de dégénérescence secondaire des cordons antéro-latéraux. Westphal (1) nous rapporte l'observation d'un malade se plaignant de douleurs lancinantes dans la tête, troubles de la vue, etc., sans phénomènes bien évidents de paralysie. Il remuait les bras, les élevait également; mais en soulevant à la fois le bras droit et le bras gauche, on voyait que ce dernier retombait plus vite que l'autre. La motilité était conservée aux extrémités inférieures et il n'y avait pas de troubles de la sensibilité. Le phénomène du pied à peine accentué à droite était très marqué à gauche. A l'autopsie, on trouva un myxosarcome de l'hémisphère droit avec dégénérescence médullaire. Nous croyons devoir également rapporter l'observation suivante.

Observation III (résumée) (2).

Hydrocéphalie chronique avec exagération des réflexes tendineux.

A. L..., âgé de 14 ans. Malade depuis neuf mois, se plaint d'une violente céphalalgie, de vertiges, sans convulsions ni perte de connaissance. Bientôt survient de l'incontinence d'urine pendant le sommeil et plus tard une certaine faiblesse et une incertitude des mouvements des jambes et des bras. On remarque une certaine disproportion entre la partie antérieure et la partie postérieure de la tête.

Etat au 28 septembre 1878. On constate que la tête est énormément grosse, surtout à la partie postérieure. Les facultés intellectuelles ne paraissent pas très développées; le malade a un rire stupide, ses parents le disent méchant. Pas de troubles du côté des nerfs crâniens.

Il se tient debout, même en fermant les yeux, mais il appuie sur les talons; sa démarche est particulière, il lance le pied en

(1) Arch. . Psych., 1875, p. 812.

(2) Rumpf. D. Archiv. f. klin. Med., t. XXIII, p. 536.

avant et en laisse traîner la pointe à terre : c'est une démarche intermédiaire à la démarche de l'ataxie et à celle de la paralysie spasmodique. La sensibilité cutanée est normale, de même que le sens musculaire.

Le malade étant couché peut exécuter tous les mouvements; cependant à l'occasion des mouvements passifs, il existe une forte tension musculaire. Le réflexe patellaire est très énergique et manifestement exagéré de chaque côté, de même que celui du tendon d'Achille.

Le clonus du pied existe des deux côtés; on provoque aussi un réflexe très énergique des adducteurs en présentant leur tendon.

Le réflexe cutané et le réflexe de la plante du pied sont très-accusés, ainsi que le réflexe du cremaster et celui de la paroi abdominale.

Aux membres supérieurs, la motilité est légèrement diminuée ; pas de troubles de la sensibilité ; à l'occasion des mouvements passifs, tension musculaire surtout marquée à gauche. De chaque côté on provoque le réflexe du triceps en percutant son tendon ; il se produit des contractions très vives dans ce muscle, ainsi que dans le biceps, à la suite de la percussion de l'extrémité inférieure du radius et du cubitus.

Le diagnostic porté a été celui d'hydrocéphalie chronique avec dégénérescence secondaire des faisceaux pyramidaux.

Nous pouvons dire d'une façon générale que dans les affections cérébrales suivies de dégénérescence des cordons antéro-latéraux de la moelle, cette dégénérescence s'annoncera par l'exaltation des réflexes tendineux et plus tard par la contracture, et il est très important de connaître ce fait au point de vue du pronostic, car cela indique d'une façon presque certaine que le membre paralysé ne recouvrera pas l'intégrité de ses mouvements. L'exaltation des réflexes tendineux a été notée dans la pachyméningite cervicale hypertrophique, et M. Brissaud nous apprend que la malade Angot dont l'observation est rapportée dans la thèse de M. Joffroy est aujourd'hui guérie, mais que le côté gauche est frappé d'une parésie bien nette avec tendance à la contracture, coïncidant avec la persistance de l'exagération des réflexes tendineux de ce côté.

La paralysie générale des aliénés mérite une mention spéciale (1). On sait que cette affection détermine à la longue une sclérose, qui, bien que prédominant dans le cerveau, frappe au bout d'un certain temps le système cérébro-spinal tout entier et s'accompagne de troubles de la motilité. D'après Westphal, la dégénérescence des cordons postérieurs de la moelle serait une des lésions médullaires les plus fréquentes, ainsi que les autopsies le lui ont prouvé. Aussi dans les cas de paralysie générale, accompagnés de démarche ataxique, de troubles moteurs des extrémités inférieures, si l'on vient à rechercher le phénomène du genou, on le trouvera aboli, bien que le triceps réagisse encore sous l'influence d'une irritation mécanique par un bourrelet local : dans cette circonstance, on sera en droit de diagnostiquer une lésion des cordons postérieurs s'étendant jusque dans la région lombaire. Il a même remarqué que le phénomène du genou manque alors que les troubles moteurs ne sont pas encore bien évidents dans les extrémités inférieures ; il prétend que cette impossibilité de le produire est déjà un indice précoce d'une dégénérescence des cordons postérieurs dans la région lombaire.

Cependant il ne faut pas trop se hâter de conclure ; car nous ferons remarquer que chez les aliénés il est quelquefois difficile de déterminer si le phénomène du genou existe ou s'il manque réellement.

(1) V. Westphal. Arch. f. Psych., t VIII, p. 514, et Shaw, Arch. of Med., 1879, t. II, p. 46.

Les faits ne se passent pas toujours comme nous venons de l'indiquer, car on a signalé dans la paralysie générale des attaques apoplectiformes s'accompagnant de paralysies, de contractures et d'exagération des réflexes tendineux, par conséquent de lésions des cordons latéraux, mais cela n'est que passager, car la lésion qui s'étend également sur les cordons postérieurs arrive bientôt à compromettre l'existence de l'arc réflexe.

4° *Scléroses latérales symétriques primitives.*

Nous comprenons sous ce nom l'affection décrite par Erb sous le nom de paralysie spasmodique, par M. Charcot sous le nom de tabes spasmodique et dont la raison anatomique est encore à déterminer, la lésion des cordons latéraux n'ayant été que soupçonnée par Erb, et aussi la maladie décrite par M. Charcot sous le nom de sclérose latérale amyotrophique. Dans cette dernière, la sclérose latérale symétrique se complique d'une lésion des cornes antérieures de la substance grise donnant lieu à de l'atrophie musculaire.

Erb, dans la description d'un complexus symptomatique spinal peu connu (1) et dans un mémoire sur la *paralysie spasmodique* (2), étudie avec soin les réflexes tendineux dans cette affection, ce qu'a fait également M. O. Berger (3). Ils pensent que les réflexes sont déjà exagérés au début de la maladie, mais cela n'a pas encore été bien observé. La trépidation provoquée est très marquée à la période d'état

(1) Berl. klin. Woch , 1875, n° 26.

(2) Virchow's Archiv., t. LXX, p. 267 et 293.

(3) O. Berger. D. Zeitschrift f. pract. Med., 1876.

de la maladie, et tous les réflexes tendineux sont considérablement exaltés ; ils sont en outre répandus d'une façon anormale. La moindre excitation provoque le réflexe rotulien et celui du tendon d'Achille : c'est dans cette maladie que la simple percussion de ce tendon suffit quelquefois à produire la trépidation. On met facilement en évidence le réflexe tendineux des adducteurs, ceux du biceps fémoral, du tibial antérieur, du tibial postérieur et d'une foule d'autres muscles.

Aux membres supérieurs le signe du tendon existe sur le biceps, le triceps, les radiaux, le long supinateur, les fléchisseurs des doigts ; dans quelques cas Erb a provoqué l'apparition du phénomène de la main.

La maladie s'annonce donc par une exaltation des réflexes tendineux et une parésie progressive, suivie bientôt de contracture. Cette contracture, d'abord fugace, devient bientôt permanente et prédomine dans les extenseurs : c'est donc une contracture dans l'extension, qui donne aux malades atteints de cette affection leur démarche raide, caractéristique, qui contraste si fort avec la démarche des ataxiques ; dans les contractures liées aux dégénérescences secondaires de la moelle, il y a au contraire prédominance de la contracture des fléchisseurs, ce qui permettrait de supposer qu'il y a dans la moelle des centres moteurs rapprochés, il est vrai, mais différents pour deux ordres de muscles antagonistes et pouvant être influencés diversement.

Pour M. Charcot, cette affection est le type des affections spasmodiques et il s'appuie surtout pour le prouver sur l'exagération des réflexes tendineux. Dans quelques cas, une faiblesse motrice même peu prononcée peut exister avec une telle exagération des réflexes tendineux que les mouvements deviennent impossibles et qu'il en résulte ce que l'on a appelé la pseudo-paralysie spasmodique. A une certaine période de la maladie, la contracture exagérée peut empêcher de mettre en évidence les réflexes tendineux. Quant aux réflexes cutanés, ils sont quelquefois augmentés, quelquefois amoindris.

M. Bétous, dans sa thèse (1), signale l'exagération des réflexes tendineux, mais dans ses observations, il se borne à noter la trépidation, qui, du reste, existait chez tous ses malades.

Observation IV (résumée) (2).

Tabes spasmodique. Trépidation provoquée.

Ass..., 55 ans, colporteuse, admise à la Salpêtrière le 3 décembre 1874. Dortoir Sainte-Agathe, 2e division, service de M. Charcot.

Bonne santé antérieure ; fatigue et exposition au froid humide. Début de la maladie à 35 ans ; démarche singulière, un an après contracture, adduction exagérée des membres inférieurs. Dix-huit ans après survint la paralysie des membres supérieurs ; la contracture des membres inférieurs est telle que l'on n'arrive à la vaincre qu'en déployant une certaine force.

Il se produit des mouvements convulsifs spontanément ou sous l'influence du chatouillement. Si l'on vient à fléchir le pied sur la jambe, que celle-ci soit soulevée, ou qu'elle repose sur le lit, on provoque immédiatement une trépidation intense à oscillations trés étendues. Ces secousses cloniques sont également marquées des deux côtés. On provoque une trépidation intense en percutant le tendon rotulien ou le creux poplité.

L'adduction forcée du pied produit le même effet.

(1) Du tabes spasmodique. Paris, 1878.

(2) Thèse de Bétous, p. 22.

Observation V (résumée) (1).

Tabes spasmodique. Exagération énorme des réflexes tendineux. Pas de trépidation.

Klapproth, âgé de 54 ans, travaillait sur les routes, dans les forêts, par conséquent était exposé aux refroidissements. Il continua à vaquer à ses occupations, bien qu'il se fût aperçu d'un léger affaiblissement de la jambe droite et qu'il fût souvent pris de crampes dans les mollets. Ces premières manifestations ont eu lieu il y a vingt ans.

Etat au moment de son entrée à l'hôpital. Il n'y a pas de troubles de la vue, ni de l'ouïe, ni de la parole. Sa démarche est spasmodique, sautillante, la pointe du pied traîne à terre. Le malade qui est habituellement couché est souvent pris de crampes avec tremblement des jambes, ce qui arrive également lorsqu'il est assis et que la plante du pied ne repose pas à terre dans toute sa longueur.

Pas d'amaigrissement des bras, ni des jambes ; force normale ; sens musculaire conservé. A l'occasion des mouvements passifs survient dans les muscles une certaine raideur plus accentuée à droite qu'à gauche.

La sensibilité cutanée est à peine disparue ; cependant le malade ne perçoit pas bien la sensation produite par la piqûre d'une épingle à la plante du pied, Pas d'incoordination des mouvements.

Il y a de la parésie et de la contracture des quatre membres ; les fonctions génitales et urinaires sont intactes.

Les réflexes tendineux sont augmentés d'une façon évidente ; en percutant le tendon rotulien, on provoque non seulement le réflexe du triceps, mais aussi un tremblement convulsif des deux jambes. Le phénomène du pied n'existe pas ; cependant on détermine facilement le réflexe du tendon d'Achille.

Aux membres supérieurs, on provoque de chaque côté des contractions réflexes dans le triceps, même en percutant l'extrémité inférieure du radius, l'apophyse coronoïde du cubitus ou encore

(1) Schulz, Ds Archiv. f. klin. Med., 1879, p. 352.

l'olécrâne, dans le deltoïde en percutant le condyle externe de l'humérus. De plus, à droite, en percutant la clavicule, on provoque une contraction dans le deltoïde et le grand pectoral.

A l'autopsie on trouve une dilatation colossale des ventricules latéraux sans liquide; pas de traces de dégénérescence médullaire.

Dans la *sclérose latérale amyotrophique*, on a, comme nous l'avons dit, les symptômes de la sclérose latérale associés aux symptômes d'atrophie musculaire envahissante. La malade éprouve un affaiblissement dans les bras et presque en même temps l'atrophie frappe le membre atteint de parésie, de même que l'on constate l'exaltation des réflexes tendineux, et bientôt la rigidité et la contracture. Ces symptômes peuvent disparaître aux membres supérieurs par suite des progrès de la maladie, mais ils persistent aux membres inférieurs, qui peuvent être atteints de paralysie, mais non d'atrophie. Il n'y a dans les parties de la substance grise, correspondant aux nerfs de ces membres, qu'une simple lésion fonctionnelle, irritative, des éléments ganglionnaires, mais ces éléments ne sont pas détruits.

A une certaine période de la maladie, surviennent des symptômes de paralysie bulbaire, qui n'influent en rien sur la production des réflexes tendineux, ainsi que nous le voyons dans l'observation suivante, empruntée au travail de Lichtheim sur les relations de la paralysie bulbaire apoplectiforme (paralysie labio-glosso-larygée) avec les affections des cordons latéraux de la moelle épinière.

Observation VI (résumée) (1).

Sclérose latérale amyotrophique. Exagération des réflexes tendineux.

Berthe Fl..., 46 ans, présente les symptômes de la paralysie labio-glosso-laryngée, troubles de la parole, atrophie des muscles de l'éminence thénar et des interosseux des deux mains, les phalanges sont étendues, les phalangettes fléchies, atrophie en masse des muscles de l'avant-bras. Les mouvements des bras sont faibles et lents ; il y a une forte contracture des deux côtés.

La démarche de la malade est caractéristique ; il n'y a pas d'atrophie des membres inférieurs ; le pied gauche est dans l'extension et ne peut être tenu fléchi. Rigidité à droite et à gauche, cependant un peu plus accentuée à gauche, où la contracture des adducteurs est surtout très marquée. Les mouvements sont faibles, surtout à gauche.

Il n'y a pas de troubles des organes digestifs, ni des organes génito-urinaires. La sensibilité cutanée est normale ; il en est de même des réflexes de la peau.

Il y a une exaltation très grande des réflexes tendineux ; la percussion même très légère du tendon rotulien gauche provoque une suite de contractions cloniques ; à droite, il n'y a qu'une forte contraction du triceps. La flexion du pied sur la jambe ou même un coup porté sur le tendon d'Achille amène une suite de secousses cloniques du pied, secousses très vives et persistant pendant fort longtemps. A droite ce phénomène n'existe pas. De chaque côté on obtient des contractions réflexes en percutant le tendon des adducteurs, celui du biceps, du long péronier latéral, du tibial antérieur, d'une façon beaucoup plus accentée à gauche qu'à droite.

Aux membres supérieurs, on provoque des réflexes tendineux des deux côtés en percutant les tendons du triceps, du biceps, du long supinateur, des fléchisseurs de la main et des doigts. Par contre, ils n'existent pas dans les muscles extenseurs de l'avant-bras, du moins à droite, le coup reste sans effet ; à gauche on ob-

(1) Lichtheim. D. Archiv. f. klin. Med., t. XVIII, p. 600.

tient un léger mouvement de flexion dans l'articulation du poignet et dans les articulations des doigts, même en percutant la cupule du radius.

On doit rapporter ces symptômes à la sclérose latérale, et si nous en croyons Richard Kayser (1) dans la paralysie labio-glosso-laryngée primitive, il n'y a pas d'exaltation des réflexes tendineux, on peut constater l'existence du réflexe rotulien et de celui du tendon d'Achille, mais il n'en existe pas sur d'autres muscles. Cependant Erb, dont l'autorité est compétente en pareille matière, dit avoir vu l'exagération du réflexe rotulien, du réflexe du tendon d'Achille et avoir provoqué le réflexe du triceps au membre supérieur. C'est, en effet, ce qui doit se passer quand la dégénérescence atteint les faisceaux pyramidaux. Dans un cas appartenant à la catégorie désignée par M. Hallopeau, sous le nom de bulbo-spinale, Leyden a trouvé les réflexes tendineux abolis ; il y avait de la faiblesse des quatre membres, les membres supérieurs étaient atteints d'atrophie musculaire, et les membres inférieurs étaient flasques, bien qu'il n'y eut pas encore d'atrophie évidente.

5. *Sclérose en plaques disséminées.*

L'existence de la trépidation, provoquée dans certains cas de sclérose en plaques disséminées, a été signalée depuis longtemps par MM. Charcot et Vulpian, ainsi qu'il est dit dans la thèse de Dubois (2). Quelque temps après l'apparition de la maladie, se manifeste l'exagération des

(1) Deutsches Archiv., 1877.
(2) Dubois. Thèse citée.

réflexes tendineux, suivie dans une seconde période de contracture et de tremblement. Il n'y a, en général, pas de troubles de la sensibilité, et le réflexe cutané est normal, mais les réflexes tendineux se produisent avec la plus grande facilité, ainsi que nous le rapporte H. ten Cate Hædemaker (1). Chez son malade, on provoquait une contraction réflexe dans le triceps et dans le biceps du bras gauche, en percutant leurs tendons, ou même la partie inférieure du radius ; à droite, ces phénomènes n'étaient pas bien nets. Aux membres inférieurs, il y avait, outre l'exagération du réflexe rotulien et le phénomène du pied, les réflexes tendineux des adducteurs et du tibial postérieur.

Cependant nous ferons remarquer que l'exaltation des réflexes tendineux et la contracture spasmodique n'existeront pas dans la région des nerfs, dont les racines postérieures auraient été atteintes par une plaque de sclérose.

Dans certains cas, l'exagération des réflexes tendineux et la contracture forment, pour ainsi dire, à un moment donné, tout le tableau clinique de la sclérose en plaques. Ce sont ces cas que M. Charcot a désignés sous le nom de formes frustes.

Observation VII (Charcot) (résumée) (2).

Sclérose en plaques. Forme fruste. Exagération des réflexes tendineux.

La nommée Haltmay..., âgée de 36 ans, couturière, est entrée le 29 juillet 1877, salle Saint-Jacques, n° 20 (service de M. Charcot, à la Salpêtrière). Pas de maladies graves antérieures. Comme ayant pu contribuer au développement de la maladie actuelle, on note des veilles longues et fréquentes.

(1) Deutsches Archiv., t. XXIII, p. 447.
(2) Progrès médical, 1879, n° 6.

En 1863, c'est-à-dire à l'âge de 21 ans, H... commença à éprouver un affaiblissement général et graduel de tous les membres; cet affaiblissement s'aggrava très notablement chaque fois, à la suite de certaines crises, consistant en vertiges survenant tout à coup, empêchant la station verticale et par suite desquels la malade plusieurs fois est tombée sur les genoux. En outre de l'affaiblissement on note à cette époque dans les membres des fourmillements, aux mains un léger tremblement survenant à l'occasion des actes intentionnels. Vers le quatrième mois de la maladie, se déclare très rapidement une cécité qui, un instant, fut presque absolue et a persisté environ trois mois; après quoi, la vision se rétablit très vite. Mais pendant les cinq années qui suivirent, il existe de la diplopie presque constante.

A l'âge de 23 ans, les choses en sont venues à un point que H... est forcée de quitter ses fonctions de femme de chambre; de 22 à 23 ans on note dans l'histoire de la malade plusieurs rémissions remarquables.

Elle signale dans les deux années qui ont précédé son entrée à l'hospice, des trépidations survenant de temps en temps dans les membres inférieurs où elle éprouvait fréquemment des douleurs fulgurantes, des besoins fréquents d'uriner et parfois l'émission involontaire des urines.

Etat actuel. — Juillet 1877. Mémoire affaiblie. Il existe une paresse intellectuelle qui fait que la moindre réflexion est suivie de fatigue. L'acuité visuelle paraît seulement un peu affaiblie. Il n'y a plus ni vertiges, ni éblouissements, mais de temps en temps un peu de céphalalgie frontale. Douleurs spontanées dans les lombes; embarras de la parole léger, mais très manifeste. Aux membres supérieurs, on note que la malade peut porter les mains à sa tête sans qu'il y ait tremblement, mais les mouvements des doigts dans la flexion et l'extension sont presque impossibles.

Membres inférieurs. — H... est absolument confinée au lit. Ses membres inférieurs sont manifestement amaigris, habituellement un peu rigides, dans la demi-flexion, sont pris quelquefois de véritables contractures. Quand on lève la malade et que soutenue sous les aisselles elle essaie de marcher, les membres inférieurs se raidissent dans l'extension et s'accolent l'un à l'autre sans pouvoir exécuter aucun mouvement. Le réflexe produit par la percussion du tendon rotulien est remarquablement exagéré des deux côtés; une trépidation très accentuée se produit lorsque l'on provoque la flexion dorsale du pied aussi bien à droite qu'à gauche. Des soubresauts se produisent simultanément de temps en temps dans ses membres. Pas d'anesthésie; pas d'hyperesthésie ; sensations de fourmillements dans les pieds, surtout aux talons où H... se plaint de ressentir des morsures ; urines et garde-robes involontaires.

1877. Octobre. La malade se réveillant un matin s'aperçut qu'elle voit double et l'on constate en effet qu'il s'est produit un strabisme externe de l'œil droit.

Tel était l'état de la malade lorsque, le 23 décembre, elle fut présentée aux démonstrations cliniques comme un exemple de *sclérose en plaques fruste.*

Peu de temps après (fin décembre) survient une eschare au sacrum; un érysipèle se montre à la fesse gauche et gagne la cuisse ; il ne s'arrête que vers le milieu de janvier. En février 1878, l'eschare s'est agrandie. La santé générale qui s'était jusque-là à peu près maintenue se détériore visiblement. Le strabisme et la diplopie ont disparu. L'embarras de la parole est toujours le même. Tous les mouvements de la langue sont libres; elle est le siège de mouvements fibrillaires.

La rigidité des membres inférieurs, la trépidation et l'exagération du réflexe rotulien provoquées persistent au même degré; ils sont constants avec exacerbations ; de petites eschares se produisent aux membres inférieurs sur les divers points soumis à une pression. La mort survient le 3 mars 1878.

A l'autopsie, on constate les lésions caractéristiques de la sclérose en plaques; ces plaques sont disséminées sur les cordons latéraux et les cordons postérieurs de la moelle et même sur le cerveau.

6. *Myélites diffuses aiguës ou chroniques.*

Dans cette classe de maladies où l'on rencontre à l'autopsie des lésions fort variables, les réflexes tendineux se comporteront différemment, suivant que les cordons latéraux seuls seront atteints, ou que les cordons postérieurs le seront dans la région lombaire, en un mot une lésion des cordons latéraux produira, comme partout ailleurs, l'exaltation des réflexes tendineux, et une lésion de la moelle lombaire, intéressant l'arc de ces réflexes produira leur abolition.

Les observations cliniques concordent avec ces données. M. Charcot avait noté l'existence de la trépidation dans certains cas de myélite limitée, Erb et Westphal, après lui ont noté l'exagération des réflexes tendineux dans plusieurs cas de myélite chronique, et aussi leur abolition dans certains autres. Westphal s'est attaché à prouver par de nombreuses autopsies que chaque fois que l'on trouve le réflexe rotulien aboli, la moelle lombaire est en cause, ou tout au moins ses cordons postérieurs. L'observation des réflexes tendineux peut, en effet, fournir des renseignements utiles dans certains cas de myélite aiguë limitée, par exemple, à la suite d'un traumatisme, comme chez le malade présenté par Remack à la Société de médecine de Berlin (1). C'était un malade atteint de paralysie spinale atrophique par hémorrhagie traumatique unilatérale dans le renflement cervical de la moelle; l'exagération des réflexes tendineux, du côté malade, indiquait la lésion du cordon latéral, de même que l'atrophie indiquait la lésion de la corne grise antérieure. Dans la myélite ascendante débutant par la région lombaire, il est évident que l'abolition du réflexe du genou sera au nombre des symptômes du début.

Les observations de myélite, avec exagération ou abolition des réflexes tendineux, sont très nombreuses dans la science; nous nous bornerons à rapporter la suivante, due

(1) Berliner klin. Woch., 1877, nº 44.

à Nothnagel, et intéressante au point de vue des phénomènes d'arrêt.

OBSERVATION VIII (résumée) (1).

Myélite chronique. Exagération des réflexes tendineux. Phénomènes d'arrêt.

Natalie P..., âgée de 27 ans, présente depuis trois ans des symptômes de myélite chronique. Au moment où Nothnagel l'examina, elle ne pouvait plus quitter le lit. Quand cette malade est dans la position horizontale, si elle veut soulever la jambe, elle la projette dans différents sens, comme dans l'ataxie. A l'occasion des mouvements passifs, on sent une résistance due à la tension involontaire des muscles. Quand, soutenue par deux personnes, elle veut marcher, sa démarche ressemble tout à fait à celle des ataxiques ; les mouvements de projection que ses jambes exécutent sont l'effet de spasmes musculaires.

On provoque ici le phénomène du genou et le phénomène du pied d'une façon très vive. Si l'on vient à frapper sur le talon, le membre inférieur tout entier est pris d'une trépidation qui peut durer jusqu'à trente secondes. Ce phénomène est plus intense à droite qu'à gauche. En piquant la plante des pieds avec une aiguille, on peut également produire le tremblement et les contractions réflexes des muscles. On peut arrêter immédiatement la trépidation en pressant sur le tronc du nerf crural ou du nerf sciatique du même côté. On réussit presque toujours également à la supprimer par la pression du crural ou du sciatique, ou de la branche péronière de l'autre côté.

La trépidation se produit constamment, quand on étend le pied sur la jambe ; on peut cependant l'empêcher de se produire, si en même temps qu'on la provoque, on exerce une pression continue sur les nerfs du même côté ou du côté opposé. La pression sur les troncs nerveux est douloureuse surtout à droite et provoque une contraction musculaire soudaine, plus facile à obtenir du côté

(1) Arch. f. Psych., 1876, p. 332.

droit que du côté gauche. Les excitations violentes de la peau, la ligature du membre, etc., n'enraient pas, ou n'enraient que d'une façon très inconstante le tremblement.

Les réflexes tendineux fourniront également des indications dans certains cas de méningite spinale. L'exaltation des réflexes tendineux n'indiquera pas toujours, il est vrai, une propagation aux cordons latéraux, mais elle indiquera toujours qu'il y a un certain degré d'irritation, et que la propagation à ces cordons est imminente. Ainsi dans le mal de Pott, le signe du tendon sert à déterminer s'il n'y a pas d'extension aux méninges et même aux cordons latéraux; dans ce dernier cas, la contracture ne tarde pas à apparaître. Ces faits sont bien connus chez nous, et dernièrement encore notre ami M. Girou, interne du service de M. Broca, nous montrait un cas de mal de Pott cervical, s'accompagnant d'une grande exagération des réflexes tendineux, et de la trépidation provoquée. Dans la thèse de M. Michaud (1) on trouve consignés un certain nombre de faits de ce genre. Il est dit : « Chez un certain nombre de sujets, on observe avec la contracture les phénomènes singuliers décrits sous le nom d'épilepsie spinale. Ils consistent en mouvements convulsifs des membres inférieurs se manifestant le plus souvent après provocation... Pour les provoquer, il faut relever fortement les orteils avec la paume de la main ; un mouvement de trémulation se manifeste, etc... On sait que l'épilepsie spinale est loin d'être un symptôme spécial au mal de Pott; on la rencontre dans un certain nombre de scléroses. »

Dans cette maladie, on peut également avoir une irrita-

(1) Méningite et myélite dans le mal de Pott. Thèse de Paris, 1871.

tion des cordons postérieurs ; elle se manifestera par des désordres ataxiques, sans contracture, ni exagération des réflexes tendineux, mais nous devons dire que c'est chose rare. L'état spasmodique et l'exagération des réflexes tendineux sont, au contraire, beaucoup plus fréquents et alors, d'après M. Charcot, les sujets s'affaiblissent, des eschares se forment, la fièvre hectique se déclare, et simultanément les réflexes tendineux et la contracture disparaissent. Ou bien une amélioration progressive se manifeste, l'état spasmodique se dissipe, les mouvements volontaires redeviennent normaux, il n'y a plus trace de l'exagération des réflexes tendineux et la guérison est complète. C'est ce qui a été observé sur le malade du service de M. Charcot dont l'histoire est rapportée par M. Michaud, et, d'après eux, il y aurait eu une régénération médullaire complète. Westphal rapporte aussi l'observation d'un malade atteint de mal de Pott cervical avec parésie du bras et de la jambe du côté droit, et exagération des réflexes tendineux du même côté ; peu de temps après, tous ces phénomènes disparurent. Six mois plus tard, ces mêmes accidents reparurent du côté gauche, et disparurent également ; il y avait, dans ce cas, une simple irritation médullaire. L'exaltation des réflexes tendineux se montre également dans le cas de compression de la moelle.

Avant de terminer ce paragraphe, nous ne croyons pas devoir passer sous silence les dégénérescences secondaires de la moelle survenant à la suite de tumeurs. On en trouvera un exemple dans l'observation suivante.

Observation IX (résumée) (1).

Gliosarcome de la moelle avec dégénérescence des cordons latéraux accentuée surtout à gauche.

Wolf, menuisier, âgé de 18 ans, entre le 12 décembre 1873 dans le service du professeur Friedreich.

Chez ce malade, la colonne vertébrale présente une courbe scolio-cyphotique dans la région dorsale et dans la région lombaire. L'incurvation porte sur le côté droit et a débuté en même temps que la paralysie de la jambe gauche, qui a été le phénomène initial (elle existe depuis un an et demi).

L'extrémité supérieure gauche est légèrement atrophiée ; la motilité est diminuée, mais moins qu'à la jambe ; la force musculaire est également amoindrie. Le bras droit est normal.

Le 26 janvier, on constate que le membre inférieur gauche est complètement paralysé, le droit ne l'est qu'incomplètement.

Depuis quelque temps, il y avait de la parésie vésicale qui est devenue paralysie.

Il existe de la rigidité musculaire des extrémités inférieures et il se produit du tremblement, quand on vient à les découvrir ou à presser sur le ligament rotulien. Le réflexe de la peau est donc augmenté, et une simple piqûre d'aiguille produit un violent mouvement réflexe de la hanche et du genou.

La percussion du ligament rotulien gauche provoque la contraction du triceps et du tenseur du facia lata gauches, des adducteurs droits ; souvent un simple coup sur le tendon du triceps produit le clonus réflexe de ce muscle, qui est beaucoup plus accentué quand la jambe est légèrement fléchie et qui cesse quand on la fléchit complètement. Souvent aussi la percussion ou la simple pression d'un des tendons rotuliens provoque, au lieu de la contraction du triceps, une flexion réflexe de la hanche et du genou ; il n'y a pas alors de contraction des extenseurs. Quelquefois la contraction du triceps se produit, mais elle ne survient qu'après le mouvement de flexion.

(1) Schultze. Arch. f. Psych., 1878, p. 373.

La percussion du tibia, des malléoles, de la plante du pied produit à certains jours la contraction du triceps du même côté ; on peut aussi en piquant, en pinçant la peau amener une flexion réflexe.

Sur le pied droit, une légère élévation de la plante du pied produit le clonus dorsal, que l'on peut faire cesser en pressant sur le ligament rotulien ; il se produit alors un tremblement de tout le membre et le clonus disparaît. Sur le pied gauche, pas de clonus dorsal.

Ces phénomènes s'expliquent ; il y avait une tumeur centrale qui produisait une certaine pression sur la substance médullaire et la rendait plus excitable. Il y avait également une dégénérescence secondaire des cordons latéraux. Elle fut reconnue pour un sarcome.

7° *Hystérie. Chorée. Paralysie agitante.*

« La trépidation n'est pas l'apanage d'une maladie en particulier ; elle se lie à des maladies d'origine très diverses, mais auxquelles la sclérose latérale est un trait commun. Toutefois sa présence dans les cas de contracture hystérique, terminée brusquement par la guérison, montre qu'elle ne saurait être rattachée toujours à l'existence d'une lésion matérielle appréciable des cordons latéraux. » (Charcot (1). C'est, en effet, ce qui existe dans celles des maladies désignées sous le nom de névroses, où l'on rencontre l'exagération des réflexes tendineux.

Dans l'hystérie, les recherches de M. Charcot l'ont conduit à reconnaître que l'exagération des réflexes tendineux existe, alors que les membres semblent être dans un état de flaccidité prononcée et précède de plusieurs jours, voir même de plusieurs semaines, de plusisurs mois, le developpement de la contracture hystérique, dont elle

(1) Leçons sur les maladies du systéme nerveux, t. I, 3e édition, p. 349.

n'est, en quelque sorte, que le prodrome. Dans certains cas, sous l'influence de circonstances qui n'ont pas été analysées, la période de contracture se développe d'emblée en même temps que l'exaltation des réflexes tendineux, tandis que dans d'autres, la période d'exaltation des réflexes tendineux sans contracture évidente persiste pour ainsi dire indéfiniment.

Ainsi donc, l'exaltation des réflexes tendineux est la règle dans les paralysies hystériques et même dans les parésies, mais ce qu'il y a de particulier, c'est que dans les cas d'hystérie avec hémianesthésie et hémiparésie, les ré-réflexes tendineux du côté correspondant à l'hémianesthésie se montrent très prononcés, tandis que les excitations cutanées même les plus violentes ne provoquent pas le moindre mouvement réflexe. Ici, les centres des deux ordres de réflexes sont impressionnés en sens inverse. On provoque facilement la trépidation épileptoïde en redressant fortement la pointe du pied, et le phénomène de la main se produit quelquefois.

Nous croyons devoir rapporter à une irritation des cellules motrices des cornes antérieures l'exaltation des réflexes tendineux dans l'hystérie : ce serait, dit M. Charcot, quelque chose d'analogue à l'effet de la strychnine, mais plus durable. Ce qui confirme l'existence de cette irritation, ce sont les cas où ce savant professeur a trouvé à l'autopsie une sclérose des cordons latéraux, ainsi qu'on peut le voir dans le travail de MM. Bourneville et Voulet, où l'on trouve également des données sur les réflexes tendineux. Dans l'observation devenue célèbre d'Etchevery que nous ne pouvons rapporter en entier, on trouve les passages suivants : « Le membre inférieur gauche est complètement immobile, mais offre un exemple frappant de contracture dans l'extension. Lorsqu'on applique la main sur la plante du pied et qu'on soulève le membre inférieur préalablement fléchi, en exerçant une certaine pression sur le pied, on voit au bout d'un instant tout le membre entrer en convulsions et s'agiter avec violence. Si on l'abandonne alors, il retombe lourdement sur le lit ; quelques légères contractions se manifestent encore, tout en diminuant, jusqu'à ce que le phénomène ne se manifeste plus que par quelques contractions fibrillaires qui disparaissent bientôt. La sensibilité, toujours complètement abolie du côté gauche, paraît légèrement diminuée à droite ; le pincement, la piqûre, la pression, le chatouillement sont perçus par la malade, quoique imparfaitement, tandis qu'à gauche, aucune sensation ne vient l'avertir qu'on la touche ou qu'on la pique. » Le membre supérieur gauche est fortement contracturé ; l'avant-bras est fléchi sur le bras, le poignet sur l'avant-bras et les doigts dans la paume de la main. Les tentatives pour l'étendre produisent une trémulation convulsive.

Nous avons également recueilli l'observation suivante dans le service de M. Straus.

Observation X (personnelle) (résumée).

(Service de M. Straus).

Parésie hystérique. Exagération des réflexes tendineux.

La nommée J... (Marie) est entrée le 22 janvier 1880 à l'hôpital Tenon, salle Colin, lit n° 13 ; elle est âgée de 26 ans.

Cette malade a toujours été bien portante, mais elle est très irritable et pleure facilement ; sous l'influence de contrariétés, elle est prise de crises convulsives n'allant jamais jusqu'à la perte de connaissance. Elle n'accuse pas la sensation de la boule hystérique, mais une sensation de constriction de la gorge survenant par instants. Elle n'a pas de vomissements, mais se plaint de douleurs épigastriques et de perte de l'appétit.

J... est mariée et a eu quatre enfants ; au début de sa quatrième grossesse, c'est-à-dire il y a un peu plus d'un an, elle fut prise de douleurs dans la fosse iliaque droite et dans la région lombaire. Au bout de quelque temps, elle ne put marcher, ni bientôt même se tenir debout; elle dut alors rester couchée ou assise dans un fauteuil, cependant ses membres inférieurs ne furent jamais complèment paralysés. Elle s'aperçut également d'une légère diminution de la force des membres supérieurs. Elle a accouché au mois de décembre 1879; l'accouchement n'a eu aucune influence sur la marche de ces accidents.

Etat de la malade le 12 mars 1880. Son état ne s'est par amélioré; elle est confinée au lit et fait à peine quelques pas dans la salle; une vive douleur survient à certains moments au niveau de la fosse iliaque droite, qui n'est cependant pas douloureuse à la pression.

Membres inférieurs. Les réflexes tendineux sont exagérés; on provoque très facilement une contraction énergique du triceps en percutant le tendon rotulien; on obtient également le réflexe du tibial antérieur, ainsi que celui des péroniers. En fléchissant le pied sur la jambe, on a une sensation de tension des muscles du mollet, cependant il n'y a pas de contracture évidente; si l'on pratique plusieurs fois cette manœuvre, la trépidation s'établit, mais elle disparaît d'elle-même au bout d'un certain temps, bien que l'on continue la pression. Si on laisse reposer le pied pendant quelques secondes et qu'on renouvelle l'expérience, le tremblement se reproduit de nouveau avec facilité. Ces phénomènes existent de la même façon à droite et à gauche. En percutant rapidement trois ou quatre fois de suite le tendon d'Achille, la trépidation s'établit également. Les réflexes cutanés sont diminués, mais non abolis; la malade perçoit, quand on la pique, quand on la pince, mais il n'y a ni douleur ni mouvements réflexes.

Membres supérieurs. Il n'y a pas de contracture, tous les mouvements s'exécutent bien, mais la malade ne serre pas très fortement. Nous provoquons facilement le réflexe tendineux du biceps et des fléchisseurs des doigts à droite et à gauche, mais nous ne parvenons pas à produire le réflexe du triceps. La sensibilité est normale.

Dans la *chorée*, dans l'*éclampsie*, d'après M. O. Berger, les réflexes tendineux seraient exagérés, par contre, le professeur Eulenburg a constaté l'absence du phénomène du genou, chez un enfant, devenu épileptique à la suite d'une chute sur la tête. Nous n'avons pas étudié les réflexes tendineux chez les éclamptiques, ni les épileptiques ; chez plusieurs choréiques du service de M. Straus, nous les avons trouvé exagérés, particulièrement dans un cas d'hémichorée du côté malade et dans le cas suivant de chorée rhythmée ; cependant on les trouve quelquefois normaux.

Observation XI (personnelle).

(Service de M. Straus.)

Chorée rhythmique. Exagération des réflexes tendineux.

M... (Louis), âgé de 58 ans, marchand ambulant, entre le 14 mars 1880, annexe de la salle 2e, extrême gauche.

Ce malade a eu la fièvre typhoïde dans son enfance ; à l'âge de 6 ans, le feu prit à ses vêtements ; il porte actuellement au membre inférieur gauche la cicatrice d'une brûlure, partant de la fesse et s'étendant linéairement sur la partie externe de la cuisse et de la jambe sous forme d'un bourrelet rougeâtre. La jambe est légèrement atrophiée, ainsi que le pied, qui est luxé dans son articulation tarso-métatarsienne, tourné en dehors et en haut et réuni à la partie antéro-externe de la jambe par une cicatrisation vicieuse.

Il n'a pas eu de rhumatisme, mais il a été pris, il y a cinq ans, de mouvements rythmiques. Il est entré successivement dans le service de M. Desnos, à la Pitié, de M. Proust, à Lariboisière, de M. Audhoui, à l'hôpital Laënnec. Il prétend être sorti chaque fois amélioré et non guéri ; d'après ce qu'il nous dit, il aurait été plusieurs fois soupçonné de simulation, c'est en effet la première idée qui nous vient à l'esprit.

15 mars. Nous constatons les phénomènes suivants. Les mains sont habituellement dans une position intermédiaire à la pronation et à la supination, les doigts à demis fléchis, le pouce dans l'adduction est étendu le long de la paume de la main. Le tremblement des extrémités supérieures consiste en mouvements alternatifs de pronation et de supination; il y a bien quelques secousses dans les muscles du bras, mais cela est peu accentué. Les mouvements volontaires s'exécutent bien, le malade coupe son pain, porte les aliments à sa bouche, mais ces mouvements sont interrompus par de légères secousses des fléchisseurs et ensuite des extenseurs du bras.

Les jambes sont également animées de secousses rhythmiques consistant surtout en mouvements peu étendus de flexion et d'extension.

Pas de troubles de la vue ni de l'ouïe, cependant le malade prétend avoir éprouvé, à une certaine époque, un certain embarras de la parole.

C'est alors que M. Straus a l'idée de rechercher le signe du tendon. En frappant sur le tendon rotulien du côté droit, après avoir croisé une jambe sur l'autre, on provoque dans le triceps une forte contraction réflexe suivie de deux plus petites, de sorte que la jambe et le pied sont animés à chaque coup d'une forte oscillation suivie de deux très légères. Le réflexe se produit par le choc le plus léger sur le tendon rotulien ; une simple chiquenaude, soit au-dessus, soit au-dessous de la rotule suffit à le produire. On provoque une contraction du triceps, si l'on percute le tendon rotulien la jambe reposant sur le lit dans l'extension. On provoque très facilement le réflexe du tendon d'Achille, mais pas de trépidation.

Du côté gauche, le réflexe rotulien paraît encore plus exagéré qu'à droite, il se produit également trois contractions réflexes à la suite de la percussion du tendon tricipital. Si l'on vient à percuter même légèrement le tendon du tibial antérieur qui est tendu et très saillant sous la peau par suite de la brûlure, il se produit un mouvement de flexion du pied. Le réflexe du tendon d'Achille est très net; pas de trépidation.

Aux membres supérieurs, on produit avec la plus grande facilité à droite et à gauche, le réflexe du biceps et celui du triceps, celui des fléchisseurs des doigts. En percutant l'extrémité inférieure du radius, on provoque une contraction très évidente dans le biceps, amenant un très léger mouvement de flexion de l'avant-bras. Les réflexes cutanés sont normaux.

On prescrit au malade 4 grammes de bromure de potassium par jour.

Le 23 mars, nous examinons de nouveau le malade, le tremblement a un peu diminué ; on a beaucoup de peine à produire le réflexe rotulien, les autres réflexes tendineux ont disparu sous l'influence du bromure de potassium.

Dans la *paralysie agitante*, nous avons constaté sur deux malades du service de M. Straus que la percussion du tendon rotulien produit un réflexe énergique du triceps, mais détermine surtout un tremblement de la jambe correspondante, tremblement que l'on fait cesser par la flexion brusque du gros orteil ; de même si l'on percute le tendon rotulien, la jambe étant dans l'extension, le tremblement ne se produit pas. Il n'y a pas de trépidation, mais on provoque un tremblement de tout le membre en chatouillant la plante du pied. D'après nos observations, il n'y aurait donc pas d'exagération des réflexes tendineux dans la paralysie agitante.

8° *Maladies aiguës.*

Strümpell (1) prétend avoir constaté l'exagération des réflexes tendineux chez des tuberculeux et chez des convalescents de fièvre typhoïde ; nous avons fait quelques re-

(1) Strümpell. D. Arch. f. kl. Med., t. XXIV, p. 176.

cherches dans le même sens, mais les résultats auxquels nous sommes arrivé ne concordent point avec les siens. Nous avons recherché avec M. Straus l'existence, et par conséquent, l'exagération des réflexes tendineux sur un certain nombre de phthisiques et nous les avons toujours trouvés normaux. Nous ne voulons point contester la véracité des observations de Strümpell, mais nous ferons observer qu'il a dû faire ses recherches sur des phthisiques atteints de lésions médullaires, ce qui rentre dans les cas que nous avons décrits plus haut. Il y a longtemps que Westphal a signalé l'abolition du réflexe du genou chez des tuberculeux à l'autopsie desquels il a trouvé de la méningite spinale ayant attaqué les cordons postérieurs de la moelle dans la région lombaire. Il peut se faire que, dans certains cas, cette altération porte sur les cordons latéraux et qu'il y ait par suite exagération des réflexes tendineux. On sait également qu'il peut survenir des paralysies à la suite de la fièvre typhoïde. Quant à nous, l'examen de plusieurs convalescents de fièvre typhoïde ne nous a jamais montré cette exagération; cependant nous ne voudrions pas affirmer que dans certains cas la contraction réflexe du triceps ne fût pas plus énergique qu'à l'état normal, car ici manque le terme de comparaison, qui existe au contraire quand on opère chez les hémiplégiques.

Nous avons recherché les réflexes tendineux dans le cours de la fièvre typhoïde ; dans bien des cas nous avons trouvé l'existence normale du phénomène du genou, mais souvent il était plutôt diminué qu'augmenté. Dans quelques cas, rares il est vrai, nous avons constaté son abolition complète, coïncidant avec une énorme exagération de l'irritabilité mécanique et directe du muscle, nous en rapportons ici deux observations, ainsi que celle d'un malade atteint de variole hémorrhagique accompagnée de rachialgie intense.

Observation XII (personnelle) (résumée).

(Service de M. Straus.)

Le nommé P..., âgé de 26 ans, fumiste, est entré le 26 janvier 1880, à l'hôpital Tenon, salle Saint-Augustin, nº 13. Fièvre typhoïde adynamique.

4 février, matin. T. 39,7. Le malade est à la fin du second septénaire, au douzième jour de la maladie ; nous recherchons le réflexe tendineux du genou, la percussion du tendon rotulien ne provoque aucune contraction réflexe, il en est de même le lendemain et les jours suivants, tandis que les réflexes cutanés semblent exagérés. Si on pince le malade, il retire vivement la jambe. En prenant le biceps entre les doigts, il se forme un bourrelet transversal très marqué, la chiquenaude la plus légère sur la masse de ce muscle suffit pour y déterminer un nœud de contraction locale.

Le réflexe rotulien reparut à la fin du troisième septénaire d'abord faiblement accusé, et au bout de quelques jours redevint normal.

Observation XIII (personnelle) (résumée).

(Service de M. Straus.)

Le nommé B..., âgé de 16 ans, bijoutier, est entré le 2 février 1880, à l'hôpital Tenon, salle Saint-Augustin, nº 10. Malade depuis dix jours. Fièvre typhoïde adynamique.

3 février matin. T. 39º. Nous percutons à différentes reprises le tendon rotulien, il n'y a pas trace de contraction réflexe dans le triceps. Cependant si l'on percute pendant un certain temps le tendon, le malade se plaint de la douleur occasionnée par ces chocs répétés et l'on observe un mouvement de flexion de la jambe qui se produit également en pinçant la peau qui recouvre le tendon rotulien. Il y a en effet exagération des réflexes cutanés ; le chatouillement même léger de la plante des pieds provoque également des mouvements de flexion.

OBSERVATION XIV (personnelle) (résumée).

(Service de M. Straus.)

Le nommé F... (Edouard), âgé de 36 ans, est entré le 13 février 1880, à l'hôpital Tenon, salle 2e, extr. gauche, n° 24.

Malade depuis six jours. Variole hémorrhagique généralisée.

F... se plaint surtout d'une rachialgie intense ; il demande qu'on le débarrasse à tout prix des douleurs intolérables qu'il éprouve dans la région lombaire. La température est de 38,8. Nous recherchons l'existence du réflexe tendineux rotulien, on a beau percuter le tendon, il n'y a pas trace du phénomène. Le malade est évacué aux varioleux et meurt deux jours après.

Au premier rang des causes qui produisent l'abolition du phénomène du genou dans la fièvre typhoïde, je placerai l'hyperthermie. On sait que sous l'influence des températures fébriles les muscles subissent une modification particulière dans leur structure, que l'on appelle l'*état moiré*. A la suite de cette altération, la substance contractile n'entre plus en action d'une façon régulière, simultanée. De plus, le muscle devient flasque et n'a plus cette résistance qu'on lui trouve à l'état normal, quelquefois même il subit la dégénérescence cireuse.

Sous l'influence de l'hyperthermie et peut-être aussi sous l'influence du poison typhique ou sous l'influence de congestions passives, la moelle est troublée dans son fonctionnement, dans sa nutrition, les cellules motrices sont dans un état particulier d'inertie, et, par conséquent, se trouvent dans des conditions défavorables à la production de contractions réflexes. Aussi on comprend que dans certains cas où ces troubles sont très accentués, les réflexes tendineux n'existent pas. Il est vrai que l'irritabilité musculaire dans le sens où la comprenait Haller est exagérée, mais nous savons que cette irritabilité n'a rien à voir avec le pouvoir excito-moteur de la moelle. Cette exagération indique même un état de faiblesse du muscle et s'explique par l'altération de structure dont nous avons parlé tout à l'heure. Du reste, cette irritabilité persiste dans les états de stupeur profonde, quand vient le coma et que le pouvoir excito-moteur de la moelle est complètement aboli.

Quant à l'abolition du phénomène du genou dans la variole, nous en attribuerons plutôt la raison à l'imprégnation du tissu médullaire par l'agent morbigène qu'à l'élévation de la température qui ne présentait rien de particulier dans notre observation. La rachialgie en est certainement une manifestation, elle indique un état de souffrance de la moelle qui, dans le cas présent, s'est traduit par l'abolition du pouvoir excito-moteur, c'est-à-dire par l'abolition du phénomène du genou. Quant à l'hyperesthésie qui existait dans une de nos observations, nous savons parfaitement qu'elle n'a rien de commun avec les réflexes tendineux.

9° *Paraplégie diphthéritique.*

Nous ne pouvons traiter ici de l'étude des réflexes tendineux dans les paralysies consécutives aux maladies aiguës, car nous serions obligés d'étudier les différentes lésions auxquelles se rattachent ces paralysies, ce qui nous entraînerait beaucoup trop loin. Cependant la paralysie diphthérique nous a paru devoir fixer notre attention. MM. Westphal, Rumpf, Schultz, Berger ont constaté l'abolition des réflexes tendineux dans cette maladie.

OBSERVATION XV (résumée) (1).

Paralysie diphthéritique. Abolition des réflexes tendineux.

Babette O..., âgée de 9 ans, entre le 25 octobre 1876, dans le service de M. le professeur Erb.

Elle a été atteinte quatre semaines auparavant d'une diphthérie qui l'a retenue au lit pendant quatorze jours. Déjà à la fin de la maladie les parents s'aperçurent que l'enfant ne pouvait plus causer ni avaler facilement et bientôt survinrent des troubles de la vue.

25 août 1876. Difficulté de l'accommodation, parésie du droit externe de l'œil droit. On constate la paralysie du voile du palais pendant la phonation et la respiration. Les extrémités sont libres, l'état général est bon.

7 novembre. On s'aperçoit que la malade a une certaine faiblesse des jambes, une démarche chancelante. Les mouvements des mains sont incertains. Pas de troubles ni subjectifs, ni objectifs de la sensibilité.

Le réflexe tendineux rotulien est aboli de chaque côté.

Le 25. Paralysie évidente des extrémités inférieures, démarche chancelante; dans le décubitus la malade peut encore soulever ses jambes quoique difficilement.

Les réflexes cutanés sont presque abolis aux extrémités inférieures. Les réflexes tendineux manquent d'une façon bien évidente. Pas de troubles de la sensibilité musculaire.

1er février 1877. Plus de troubles de la motilité, ni des jambes, ni des bras; la malade peut jouer, sauter, courir. Les réflexes tendineux n'ont pas reparu, cependant l'enfant est guérie en apparence. Enfin, quelques semaines après la guérison, on peut obtenir pour la première fois d'une façon évidente le réflexe patellaire. mais il n'est que faiblement accusé. Il fallait le rechercher avec soin et la meilleure manière de le provoquer était de faire croiser les jambes à la malade, lorsqu'elle était assise, mais la faculté de les produire s'épuisait rapidement.

Un mois plus tard (26 mars), on peut obtenir quoique très faible-

(1) Th. Rumpf. Deutsches Arch. f. klin. Med., t. XX, p. 121.

ment le réflexe du tendon d'Achille; le réflexe tendineux rotulien est alors seulement très marqué. Notons que l'absence du réflexe rotulien fut un des premiers symptômes de la paralysie.

Dans quatre cas de M. O. Berger, la sensibilité musculaire et la sensibilité cutanée étaient intactes, mais les réflexes tendineux étaient abolis. Ils reparurent plus tard pendant la convalescence, de même que dans l'observation de Schulz (1). Dans le cas de Westphal (2), il y avait des troubles de la sensibilité musculaire et de la sensibilité cutanée ; à l'autopsie, il ne trouva pas de lésion médullaire.

Les auteurs s'accordent à dire que l'abolition du phénomène du genou ne tient pas à une profonde altération de la moelle, puisque ce phénomène reparaît pendant la convalescence. Rumpf et Schultz expliquent cette abolition par une lésion de la substance grise de la moelle provenant dans le cas spécial d'une névrite ascendante qui s'étend jusqu'à la substance grise.

M. Déjerine (3), à qui l'on doit les travaux les plus récents sur l'anatomie pathologique de cette affection, a pu constater dans cinq cas une altération constante des racines antérieures probablement consécutives à une légère altération médullaire intéressant la substance grise sans affecter la substance blanche, mais les racines postérieures ont toujours été trouvées intactes. Aussi est-ce à cette lésion de la substance grise et des racines antérieures dans la région lombaire que je rapporte l'abolition des réflexes ten-

(1) Schulz. D. Arch. f. klin. Med., t. XXIII, p. 360.

(2) Arch. f. Psych., 1875. p. 765.

(3) Recherches sur les lésions du système nerveux dans la paralysie diphthéritique. Arch. de physiologie, 1878.

dineux et l'interruption de l'arc réflexe. Tant qu'il subsiste une certaine altération des éléments nerveux qui composent l'arc réflexe, les réflexes tendineux sont abolis et leur réapparition dans toute leur force annonce le retour de l'intégrité de ces éléments. Souvent à cette époque les autres symptômes de la paralysie sont dissipés depuis longtemps, de sorte que l'on peut dire que l'abolition des réflexes tendineux est un des premiers et un des derniers symptômes de la paraplégie diphthéritique.

De ce qui précède ressort suffisamment l'importance de l'étude des réflexes tendineux au point de vue du diagnostic des affections spinales. Etant donné le fait de leur abolition dans le cas de lésion des cordons postérieurs, ou de la substance grise antérieure de la moelle et celui de leur exagération dans le cas de lésion primitive ou secondaire des cordons antéro-latéraux, notamment des faisceaux pyramidaux, il ne nous semble pas permis d'omettre la recherche de ces signes dans l'examen de tout malade atteint d'une affection que l'on soupçonne avoir une origine médullaire.

TRACÉS

Recueillis, à la Salpêtrière, dans le service de M. CHARCOT

PAR M. LE DOCTEUR BRISSAUD.

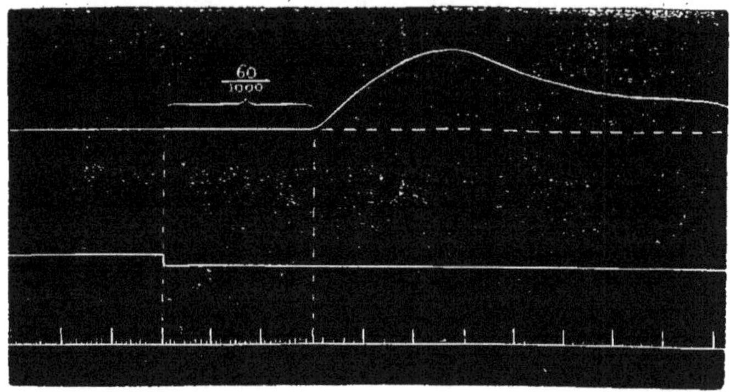

FIG. 1. — Réflexe rotulien chez un sujet sain. Temps réflexe 60 millièmes de seconde (avec la correction, 52 millièmes).

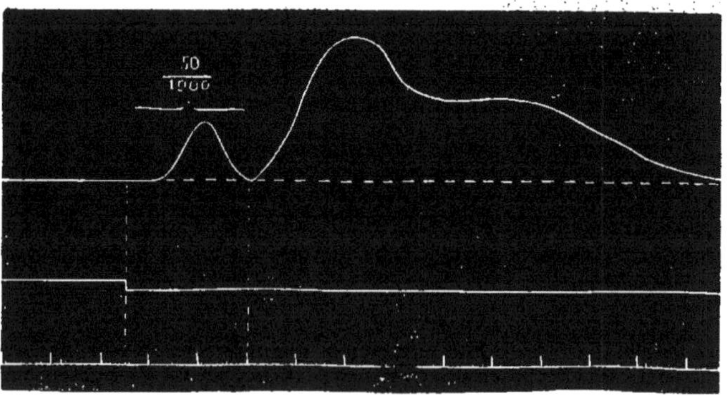

FIG. 2. Reflexe rotulien. Légère contraction musculaire entre le moment de l'excitation du tendon et le moment de la vraie contraction réflexe.

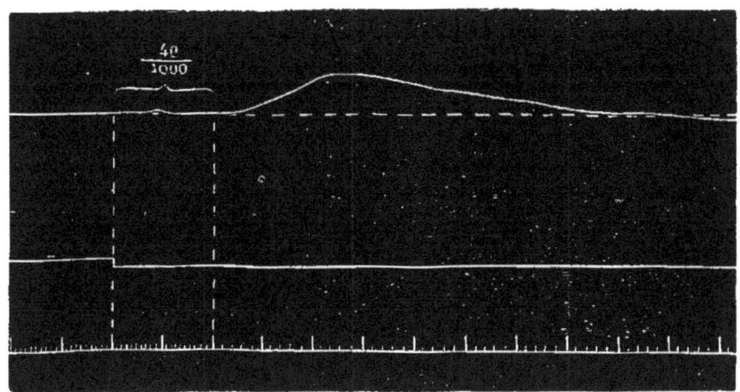

Fig. 3. — Hémiplégie avec contracture. Réflexe rotulien du côté sain. Temps réflexe $\frac{40}{1000}$ $\left(\text{avec la correction } \frac{32}{1000}\right)$

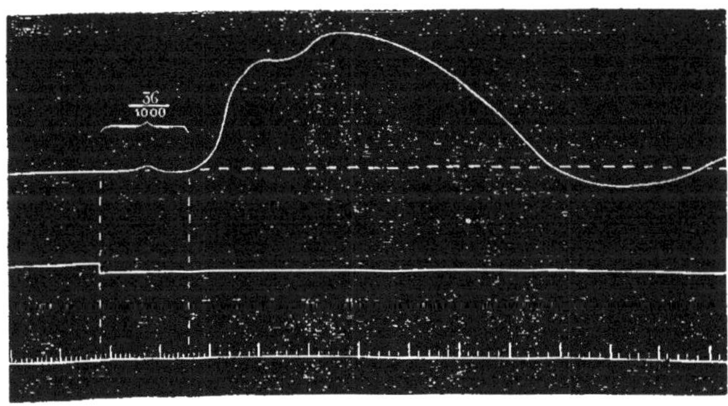

Fig. 4. — Réflexe rotulien, côté contracté. Temps réflexe $\frac{36}{1000}$ $\left(\text{avec la correction } \frac{28}{1000}\right)$. Courbe pathologique. Dicrotisme.

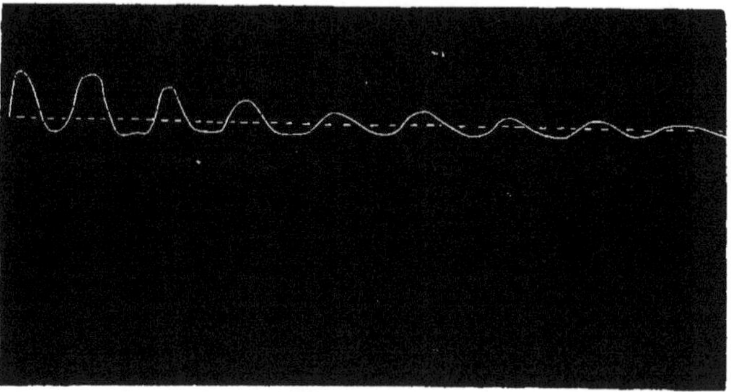

FIG. 5. — Contractions multiples à la suite de la percussion du tendon rotulien.

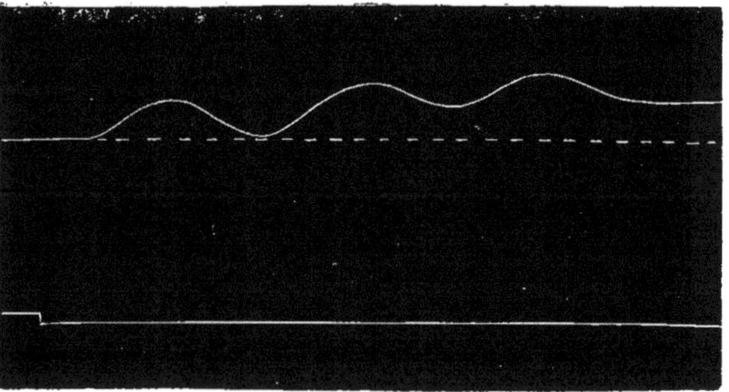

FIG. 6. — Chez cette malade la percussion du tendon provoque une série de contractions du triceps à la suite de laquelle s'établit la contracture permanente de ce muscle.

Paris. — A. PARENT, imprimeur de la Faculté de Médecine, rue M.-le-Prince, 29-31.

www.ingramcontent.com/pod-product-compliance
Ingram Content Group UK Ltd.
Pitfield, Milton Keynes, MK11 3LW, UK
UKHW020358230726
13925UKWH00003B/1184

9 782014 074260